常言道

口口相传的人生智慧

齐如山 著

台海出版社

图书在版编目（CIP）数据

常言道：口口相传的人生智慧 / 齐如山著 . — 北
京：台海出版社，2024.1
ISBN 978-7-5168-3754-2

Ⅰ．①常… Ⅱ．①齐… Ⅲ．①人生哲学－通俗读物
Ⅳ．① B821-49

中国国家版本馆 CIP 数据核字（2023）第 245672 号

常言道：口口相传的人生智慧

著　　者：齐如山

出 版 人：蔡　旭　　　　　　　　封面设计：胡椒书衣
责任编辑：王　萍

出版发行：台海出版社
地　　址：北京市东城区景山东街 20 号　　邮政编码：100009
电　　话：010-64041652（发行、邮购）
传　　真：010-84045799（总编室）
网　　址：www.taimeng.org.cn/thcbs/default.htm
E - mail：thcbs@126.com

经　　销：全国各地新华书店
印　　刷：三河市天润建兴印务有限公司
本书如有破损、缺页、装订错误，请与本社联系调换

开　　本：710 毫米 ×1000 毫米　　　　1/16
字　　数：180 千字　　　　　　　　印　　张：15
版　　次：2024 年 1 月第 1 版　　　　印　　次：2024 年 1 月第 1 次印刷
书　　号：ISBN 978-7-5168-3754-2

定　　价：56.00 元

目　录

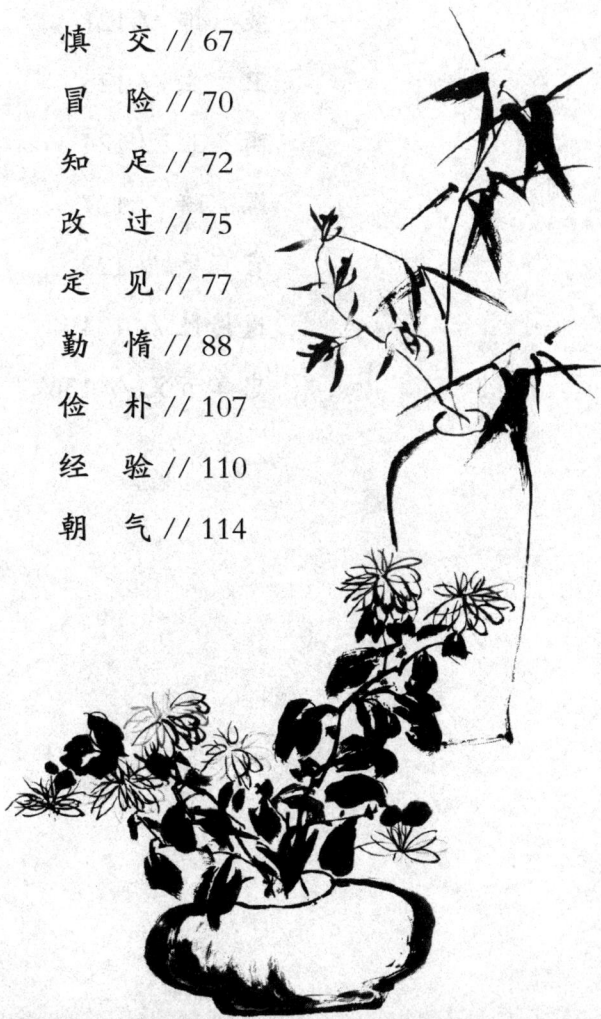

序

　　有许多人说，小说、戏剧、大鼓、小曲等，这些事情于社会人心影响极大，这是不错的。但是还有一种东西，比以上这几种于社会人心关系更大，这恐怕是大家很少注意的。那是什么呢？就是社会上流行的谚语。凡学者一切的观念和评判，都以经书上的语词为标准，至于读书甚少或未受过教育之人，大概都是以这些谚语为准绳，凡办理一件事情之前，必先引用一语，作为办理该事之标准；或谈论一件事情之后，亦必引用一语，作为此事之评判。总之，这就是国民心理中的经典，国民心理中的法条，国民心理中的格言。就如同学者心理中的经史，教徒心理中的经典。有人一提这种语词，大家便不能驳辩，且是心服口服，大致是全国不读书或读书不多的国民的思想，都不能跳出这些谚语的范围，所以，它在社会中的势力，比任何经史的格言及小说、戏剧、大鼓、小曲等力量都大得多。凡在社会中有声望的人，都记得这些谚语非常之多，谁记得比较多，谁在社会中声望就比较大。久经世故的老人，脑子里头总有一二千句，其次也有一千来句，最少也有几百句，若再少则是平常人了。盖平常人也要记得二三百句，它在社会中既占这样大的势力，政府学界中人岂可不注意乎？至于这些谚语的来源，尚未得一一的详考，大约是由各种经史子集中流传下来的为最多，不过有直抄原词，毫无变动的；有将原文改为俗话，而原

义尚未更改的；有将原文改为反面说的就是了。此外，由唐宋诗词、小说剧本中来的也不少，至各语中的意义，则几乎是关于各方面的都有。约略言之，则不外劝诫、讥讽、奖励几种，对于人之心理阐发的时候也很多，实在都可以算是很好的格言，不过有正面反面就是了。至于国民为什么好用这些谚语？这也有个原因：这种风气由来已久，凡行文或说话自古就都爱提到从前人的言语，借以帮助证实自己所说的意义。不过所引证的话可分为两种：一种是已经写在书册上的，如《论语》中所载，子曰："书云：'孝乎？惟孝友于兄弟，施于有政'"云云，乃是载在《书经》上的。子贡曰："诗云：'如切如磋，如琢如磨'"云云，乃是载在《诗经》上的。再如子曰："吾闻之也，君子周急不及富。"又孔子对定公曰："人之言曰：'为君难，为臣不易'"云云。这是没有载在任何书上的。这就是当时的谚语。这足见自孔子那个时代，早就有这种情形了。其后到两汉以前都是如此，几乎是每篇文章都有，不过所用的名词稍有不同。但大致不外以下若干种：

谚曰，如：

《晏子春秋》内篇杂下第六载谚曰："非宅是卜，唯邻是卜。"《史记·佞幸列传》中载谚曰："力田不如逢年，善仕不如遇合。"

《孟子》载晏子对齐景公曰："夏谚曰：'吾王不游，吾何以休？吾王不豫，吾何以助？'"此仅于谚字上加一"夏"字。

谚所谓，如：

《左传》虞宫之奇云："谚所谓辅车相依，唇亡齿寒者。"

里谚曰，如：

《贾谊治安策》载里谚曰："欲投鼠而忌器。"

鄙谚曰，如：

《贾谊治安策》载鄙谚曰："不习为吏，视已成事。"

《司马相如谏猎书》云："鄙谚曰：'家累千金，坐不垂堂。'"

语曰，如：

一、《苏子说齐闵王》篇中云："语曰：'骐骥之衰也，驽马先之，孟贲之倦也，女子胜之。'"

二、《战国策》虞卿云："语曰：'强者善攻，而弱者不能自守。'"

三、《蔡泽说应侯》篇云："语曰：'日中则移，月满则亏。'"

四、《史记·春申君列传》赞云："语曰：'当断不断，反受其乱。'"

五、《袁盎晁错列传》赞："载语曰：'变古乱常，不死则亡。'"

语有之，如：

《战国策》商君曰："语有之矣，貌言华也，至言实也，苦言药也，甘言疾也。"

野语有之，如：

《庄子·刻意》篇载野语有之曰："众人重利，廉士重名，贤士尚志，圣人贵精。"

鄙语曰，如：

《史记》平原君赞云："鄙语曰：'利令智昏。'"

人有言曰，如：

《国语》魏献子谓阎明叔袖云："人有言曰：'唯食可以忘忧。'"

孟子答公孙丑曰："齐人有言曰'虽有智慧，不如乘势，虽有镃基，不如待时'"云云。只特指明齐人耳。

人之言曰，如：

孔子对定公曰："人之言曰：'为君难，为法不易。'"

古人有言曰，如：

《左传》郑子家云："古人有言曰：'畏首畏尾，身其余几。'"

董仲舒《贤良策》云："古人有言曰：'临渊羡鱼，不如退而结网。'"

先人有言曰，如：

《管子·大匡》第十八鲍叔曰："先人有言曰：'知子莫若父，知臣莫若君。'"

先民有言曰，如：

《国语》周襄王云："先民有言曰：'改玉改行。'"

吾闻之，如：孔子曰："吾闻之：'君子周急不继富。'"

《晏子春秋》内篇谏下第二云："婴闻之：'君正臣从，谓之顺，君僻臣从，谓之逆。'"

《张仪司马错伐蜀》篇云："司马错曰：'臣闻之，欲富国者务广其地，欲强兵者，务富其民。'"

《范雎献书秦明》篇云："臣闻：'善厚家者，取之于国，善厚国者，取之于诸侯。'"

《国语》王孙圉曰："圉闻：'国之宝亦而已。'"

所谓，如：

《荀子·荣辱》篇云："所谓'以孤父之戈（左金右属）牛矢也'。"注：时人旧有此语。

古所谓，如：

董仲舒《贤良策》云："古所谓'功者，臣任官称职为差'。"

故曰，如：

《荀子·富国》篇云："故曰'天地生之，圣人成之'。"注：古者有此语，引以明之也。

以上这些话，虽然有许多没有说明是谚语的，但确都是谚语无疑，且所举都是周秦两汉的文章，足见彼时做文章爱用谚语的习惯了。到唐宋以后的学者，做古文的时候，就不肯轻易用了。他们不肯用的意思或者有两种：一种是嫌其太俗，于他们古文的语气有妨害；一种是因为它无足轻重。其实这两种意思，我以为都不算对，要说于古文气势有伤，那么两汉以前的那些文章，哪一篇不算古文呢？人家也都用了，也不见得有什么伤损。要说它无足轻重，这更不对，这既都是大众常说的话，当然就是民意，就是舆论，则古代无论学者、政客都乐意引用此者，其未尝不是重视民意的一种表现。唐宋以后不乐用此者，未尝不是因为君权太重，轻视民意的意思。以上这些情形虽然是我瞎猜，但是也不见得没有相当的道理。这话又说回来了，他们虽然不乐用，可是唐宋以来的小说、笔记、戏曲、大鼓、小曲等，都极乐意用的。自周秦以来，这种情形总算毫未中断，所以一直到现在，民间还有这种习惯。按说这种情形，西洋各国也都有的，但是他们不但引用旧有的词句，而且对于新出的名句也极乐意引用。传说如莎士比亚剧本中的词句，风行于各国社会中的已经很多。我们国内学界中人，由各种教科书里头得到新知识、新名句的固然也很多，可是未受过教育的人，还仍然是专会引用旧的，不愿引用新的，以致国民的知识不能增长，社会的风气不能改良，使全国国民的思想永远被这些句子的意义圈围着，这也实在可以算是一件大不幸的事情。因为这些句子意义虽然也

都很好，但社会上万不许有永远不变、不进步的事情，所以说国家对此非极端注意不可。余故先写出若干条来，稍微加以注释，由此便可将国民的心理知其大概，再对症下药，顺着这个路子设法给他们输入些新的句子、新的格言，则社会风俗就可以得到进展的途径了。否则不明了他们的心理，硬要把新学说教导他们，必定是格格不入，不容易见功效的。

凡　例

一、是书全用脑子想来，自然遗漏很多，且各省各地皆有特别之谚语，一人所知尤为有限。

二、谚语中有知其出处者，即注于该句之下，有可检查者，亦查出注之，唯难者手旁书籍不多，有许多句子无从查检，只得从略。好在此非其他文字可比，固无须乎详注出处也，容有暇再作谚语考。

三、村书中有名贤集者，早已风行，最为脍炙人口，其中句子几皆为流行之谚语，但该书亦多由它书录来，故不引注。

四、所有分类均系仓猝中随便分析，多未恰当，容当校正。

五、有许多句子含有两三种意义，可列此类，亦可列彼类，两句连说者，此种情形尤多，故只得随便列之，则有不当之处，势所难免。

六、各种传奇、杂剧中所用谚语极多，兹皆不引注，因引不胜引也。

七、各种经史子集中所引谚语颇多，但今人不恒说者不录。

八、关于天时之谚语，如"春打六九头""秋后一伏"等皆不录，以其无关惩劝也。

九、关于农事之谚语亦至夥，如"麦收三月雨，骑着清明一场雨，"又有"麦来又有秋，干打高粱湿打谷，水里捞着黍"等皆不录，因以后还想做农语一书也。

廉 贪

吾国古教关于廉贪二字最为重视，《诗经·大雅》曰："贪人败类礼"，《礼运》曰："用人之仁去其贪"，《周礼》天官小宰曰："以听官府之六计"云云，其中群吏之治，皆以廉为重，故社会中的谚语，对于钱财取与的界限也极端注意，倘稍微含混，便不利于众口，此亦最好之道德也。

钱财如粪土，仁义值千金。

这两句话不是提倡挥洒钱财如粪土，乃是与仁义道德比较，则应该看着仁义重得多，钱财轻得多的意思。

横财不富命穷人。

《独异志》卢怀慎卒，复生曰："冥司有三十炉，日夕为说鼓钱横财"云云，盖彼时张说细货山积也，故今人谓财多而来路不顺者，便谓之横财，即不义之财也。自孔子言五十而知天命之后，国人都很信这个"命"字，其意是命中虽穷，而尚须尽人事去工作挣钱，若横来之财，万不可取，但有不畏法律，不怕伤德，见横财欲取之人，他人亦无法反对，故只得用"命"字以警戒之。

君子爱财，取之以道。
《五灯会元》有此语。

无功不受禄。
非应得之得，决不肯受。

无功受禄，寝食不安。
比上句又进一步。

得人一牛，还人一马。
戒人勿贪便宜。

亲是亲，财是财。
西洋各文明国，钱财过手，必有收据，界限极为清楚；吾国对此向极模糊，至亲间钱财来往，更无手续可言，以致亲戚或骨肉因此发生纠葛，打官司而破产者，不可胜数。故有此语，以为警戒。

财上分明大丈夫。
钱财的界限若不分明，则必有暧昧的情形。

大手大脚。
此乃做事大方，不吝啬之谓，若胡花钱者，不得谓之大手大脚。

食不亲，财不黑。
说见后"食亲财黑"条。

一介不与，一介不取。

此伊尹事，乃提倡廉介之意，所谓不与者，非啬吝之谓也。

君子不吃翻身鱼。

此语出自《晏子春秋》内篇杂上第五：景公游于纪，得金壶，有丹书曰"食鱼毋反"，晏子曰"食鱼毋反，毋尽民力乎"云云。此语骤听之，似乎无关重要，但在社会势力极大，盖稍郑重之宴会吃鱼，绝对无翻身者，因诗礼之家，皆以此训诫子弟也。

一双空手见阎王。

此形容廉洁之人，到处皆逍遥自在也。

得便宜是失便宜。

世事常有因想得便宜，而反吃大亏者，然人多不悟，故有此警戒语。

明中舍，暗中还。

明中虽然舍与人，而上天总保佑，暗中还回，是提倡人厚道施舍的意思，或云"明中施舍暗里填还"。

管山的烧柴，管河的吃水。

此二语，看正面似乎是管山的便应该有柴烧，管河的便应该有水吃。但是平常用这两句的时候，总是在反面，讥讽经手钱财便找便宜之人，对于官场各事用的尤其多，因为从前官场人员，无论办理何事，总以要钱为宗旨也。

财帛动人心。

凡被人用钱买动做坏事者，必用此语以讥之。

利令智昏。

《史记·平原君列传》载，鄙语曰"利令智昏"，是此语已风行千余年矣。

礼下于人，必有所求。

此诚人不可轻受人之好处语，《左传》载："将求于人则先下之礼。"

钱能通神。

《幽闲鼓吹》载："唐张延尝判一大狱，召吏严缉，见案上留一帖云：'钱三万贯，乞不问此狱。'张怒掷之，明旦乃复帖子云：'如十万贯，可止不问。'子弟询张云何？张曰：'钱至十万贯，可通神矣，无不可回之事，吾惧祸及，不得不止'"云云，语当本此。如今亦只对官场之脏事，用此讥之。

见钱眼开。

此与"财帛动人心"一语同一性质，不过意义似稍轻耳。

狗头上搁不住骨头。

《灵异小录》载贞观中道士裴元智诗，有"将肉遣狼守，置骨向狗头"之句，社会恒用此，以讥见钱眼开之人。

黏毛四两肉。

此亦讥讽遇事贪财之义，意思是教他粘着一点毛，他便想得四两肉也。

经手三分肥。

北方土语谓分赃曰"分肥"，此与"黏毛四两肉"同一性质。

重财轻义。

《盐铁论》云："古者贵德而贱利，重义而轻财"云云，此语乃反用其意。

食亲财黑。

《左传》注云："贪财为饕，贪食为餮。"二语盖来源于此，按西洋吃饭，各人分食，抢食之情形不容易见到。吾国向为共食，未受过教育之人往往抢食，最惹人厌，故俗云："食客亲者财必黑。"食亲者看着食物太亲，财黑者谓对于钱财不光明也。

人不得外财不富，马不喂夜料不肥。 [1]

外财者，意外之财也，虽与横财稍有不同，然用时总是含讥讽之意。

为嘴伤身后悔难。

或由上句变化而来。

---

[1] 亦作：人无外财不富，马无夜草不肥。

人为财死，鸟为食亡。

《吴越春秋》大夫文种有此语，言人不可太贪也。

得命思财。

此讥讽贪人之情形，可谓形容尽致。

嘴大嗓子眼小。

虽能吃进去，而不能咽下去，可见贪亦无益而有伤。

一口吃个胖子。

无论多贪，也办不到。

针尖点上削铁。

无论多贪，所得也不能多。

得了屋子想炕。

贪心无止境。

吃着碗里的，看着锅里的。

与上句意同。

吃一巴二眼看三。

巴亦看也，较上句又进一步。

人心不足蛇吞象。

罗洪先诗：人心不足蛇吞象，世事到头螳捕蝉。

贪贱买了灌水鱼。

鱼腹内灌水，为分量较重也，北方冬季恒有此弊，以其结冰不易看出也。

贪贱吃穷人。

世人恒因物贱而多买，故有此讥讽语。

家里怕馊了，外头怕丢了。

此与"吃着碗里的，看着锅里的"同一性质。

只顾自己碗里满。

与上句意亦同。

这山望着那山高。

似此做事焉有知足之时？《吕氏之识览》云，"登山者处已高矣，左右尚望巍巍然山在其上"，语或本此。

眼馋肚饱。

肚已饱矣，眼仍馋而想吃，或云"眼馋肚皮饱"。

不杀穷人不富。

此讥讽富人对于穷人放高利债之语，事本极为可恨。

贪小失大。

语见《吕氏春秋》，"盖贪小者无不失"，故社会恒引用此语以讥之。

鹭鸶腿上割股肉。

此讥所得甚少，而徒见其贪耳，《鸡肋编》有此，云系俗语，足见风行已久。

银子是白的，眼珠是黑的。

此讥贪人见钱眼黑之语。

只顾嘴不顾身。

此与"为嘴伤身"意同。

家常饭好吃，常调官好做。

宋人语，见《樊山诗注》，社会引此，亦皆劝人不必妄贪之意。

无人肯向死前休。

此韩退之诗也，社会引此有两种意义：一系贪心至死不会知足，一系永远努力，但大多数都用第一意。

人见利而不见害，鱼见食而不见钩。

此与前边"人为财死，鸟为食亡"二语意同。

言多语失皆因酒，义断亲疏只为钱。

皆系贪之失事。

山寺日高僧未起，算来名利不如闲。

此非奖励人懒惰，不过对太贪之人说法耳。

侵人田土骗人钱，荣华富贵不多年。

戒贪之意。

失便宜是得便宜。

邵康节诗："珍重至人尝有语，落便宜处得便宜。"

财与命相连。

支允坚《异林》载有"常言财与命相连"之句。

恕 刻

《论语》："己所不欲，勿施于人"之谓，恕一生可行也，是恕乃为吾国数千年来之美德。若刻薄，则未有不招怨坏事者，故谚语中关于此者极多，亦可见国人对此之重视矣。

大人不把小人怪，宰相肚内撑开船。

言外是能容人者便是君子，肚内能撑船者，形容其肚量之大也。或说君子不见小人过。沈作哲《寓简》有"昨朝醉去，巧儿做事拙儿嗔；今日醒来，大人不责小人过"之语。《水东日记》，杨公复诗有："如何肚里好撑船"之句，亦用彼时谚语，则此语风行已久。

得饶人处且饶人。

《西溪丛语》载，蔡州有一道人善棋，凡对局辄饶人一先，有诗云："自出洞来无敌手，得饶人处且饶人。"

人各有能有不能。

《左传》赵婴有此语，社会引此是劝人遇事不要强人所难之意。

话到嘴边留半句。

此因系忠厚，然有时亦含谨慎之意。

自己情虽紧，他人未必忙。
此裴说诗也。原为"自己情虽切，他人未肯忙"。

得好休时便好休。
《西厢记》中曾用此语，盖元曲中恒引用之也。

到放手时须放手。
以上二语意义相同。

让礼一寸，得礼一尺。
此提倡诸事要厚道之意，魏武帝《让礼令》有此二语。

但得一步地，何须不为人。
既可容恕，何不容恕？

饶人不是痴，过后得便宜。
此劝恕之正轨。

长存君子道，须有称心时。
与上句意大致相同。

君子不夺人所好。
《指月录》赵州和尚语，按夺人所好本是最不道德的事情。

君子不尽人之欢。
《礼记·曲礼》云："君子不尽人之欢，不竭人之忠，以全交也。"

君子不为己甚。

《孟子》：“仲尼不为己甚者。”

平生不做皱眉事，世上应无切齿人。

此邵康节诗也。

但知行好事，莫要问前程。

此五代冯道诗也，乃尽人事听天命之意，亦恕之真精神。

但存方寸地，还与子孙耕。

此贺知章诗也，亦提倡人行恕道之意，此语流行已久，宋罗大经《鹤林玉露》已经引用之。

十个指头不一般长。

意思是对于人不可求全责备，曹植诗有“十指有长短”之句，见《七修类稿》。

与人方便自己方便。

《维摩经》云：“摩诘以无量方便饶益众生，盖与人方便者，必于自己亦方便也。”《红楼梦》第六四回有此语。

人生何处不相逢。

此丁冠诗也，上句为“一叶浮萍归大海”，社会引此意思是得罪人之人，倘再相逢，未免被人仇视，故不及宽恕之为愈也。

留得青山在，不怕没柴烧。

此亦是不尽人之欢的意思，《红楼梦》第八十二回有此语。

会拿耗子就是猫。

不必苛求之意。

天上人间方便第一。

语出《景行录》，上句为"千经万典孝义为先"。

羊羔虽美，众口难调。

此与上句意思想同，言外是各人有各人之意见，不必强同，亦恕字意也。

一人难称百人心。

或云"一人难称百人意"，既云一人难称百人心，则暂有不称我心者，亦当相谅。

争之不足，让之有余。

意思是彼此相争则不足，彼此相让则有余。

冬不夺衣，夏不夺扇。

人家正在需用之时，故不得夺。

水至清则无鱼。

语出《家语》，下句为"人至察则无徒"，社会引此亦系劝人有时不可太认真。

嗔拳不打笑脸。

《五灯会元》"灵台因语"，社会引此亦系劝人得饶人处且饶人之意。

谁家烟筒不冒烟。

意思是有个烟筒便难免冒烟，有个心思就难免有个意见，故不能强之与己相同也。

论人论事不论人。

意思是只要办事不错，其心如何不必苛求，自是最恕之语，下边尚有"论心自古少完人"一句，但平常都不说。

不知者不怪罪。

此即无心为恶，虽恶不罚之意。

君子绝交不出恶声。

《乐毅报燕王书》云："臣闻古之君子，交绝不出恶声。"既云臣闻，当然是早有此语，则此语行之于社会者，至少亦有两三千年矣。

人心都是肉长的。

意思是无论何人，皆不会有铁石心肠，没有不可以感动的，我待他好，他一定可以待我好。

没有高山不显平地。

意思是我自行我之恕道，不必望他人与自己一样，他人越不恕，

越显我之恕，则于我之恕，绝无伤损也。

媳妇偷嘴是肚中饿，猫狗偷嘴是放的低。

吾国旧日人家娶妇，不是为儿子娶妻，乃是为婆婆娶了一个使唤人，平常使唤的比雇人工还苦，并且不给吃饱，几乎是家家如此，实为恶劣之风俗，所以做儿媳者往往偷东西吃，实非媳之过也。故有此语以讽之，幸今日此风已稍杀矣。

百日床头无孝子。[1]

旧日国无医院，父母有病，全靠子女服侍，倘病到百日之后，则子女自然劳乏懈怠，不得谓其不尽孝道也，这也是不尽人之欢的意思。

瘦杀的骆驼比马大。[2]

此言有道德之人，总比无道德之人身份高，不应与之斤斤较量，《红楼梦》第六回有此语。

和尚不趁道士钱。

此系界限分明，不互相侵犯的意思。

清官难断家务事。

吾国家庭，大儿穿旧之衣，二儿穿之，二儿穿过，三儿又穿，即娶妻之后又永远同居，其界限有不能分清者，然愚人常常因家务而兴

---

[1] 亦作：久病床前无孝子。
[2] 亦作：瘦死的骆驼比马大。

讼，结果是徒费钱财而已，故有此语以警之。故意思是虽断不清，亦不失为清官，有诫人不可轻打官司之意。言外是人有不能尽合自己之意者，因其不见得尽知己意之所在也，故须恕之。

堂成燕雀来。

燕雀虽皆为有伤堂屋之物，但设我无堂，则彼必不来，今既来，则是吾之有堂也，虽彼有伤，然终胜无堂，是有杜甫诗"安得广厦千万间，大庇天下寒士俱欢颜"之意。按《淮南子》云："汤沐具而虮虱相吊，大厦成而燕雀相贺"，语或本此。

相女配夫。

吾国数千年之习惯，为女配夫，皆由父母主持，但为父母者，往往不顾其女是否贤良而择婿，未免太苛，结果夫妇多有不睦者，故有此语，以匡正之。

船多不碍江。

此亦系大度包容之意。

按下葫芦瓢起来。

意思是打倒此人，尚有彼人，不能把世人尽行征服，故以容恕为妙。

哪个猫儿不偷腥？

此劝人容恕之意。

千里搭长棚，没有不散的筵席。

此言事事皆有终了之时，不必苛求。

以上都是正面提倡宽恕的话。

狗急了跳墙。

民逼紧了造反，狗逼紧了跳墙，足证处事以宽恕为妙。

穷寇莫追。

语出《孙子》卷七。

逼着哑巴说话。

此系逼人太甚的意思。

打着鸭子上架。

此亦系强人所难的意思。

牵羊上树。

意思与"打着鸭子上架"相同。

吹毛求疵。

《韩非子》云"不吹毛而求小疵"，《汉书》云"有司吹毛求疵，言必欲得其过失也"，就是对人太苛之意。

又要马儿好，又要马儿不吃草。

此较尽人欢者，又刻薄一层。

栽跟斗怨地皮。
怨天尤人本是最没出息的事情，至于自栽跟斗无人可怨，乃怨及地皮，无道理极矣。

拉不出屎来，怨茅房。
茅房者厕所也，此语较"栽跟斗怨地皮"一语，意义尤为深刻。

饱汉子不知饿汉子饥。
此讥人不知恕道之意，《晏子春秋》有"古之贤君，饱而知人饥"之语。

牛不喝水强按头。
不恕道强人所难。

以小人之心，度君子之腹。
《左传》有"以小人之腹，为君子之心"二语。

公　道

　　国人处事最重"公道"二字，与人交接不占便宜，买卖物器不贵不贱，或与他人解和争端不偏向一边等，皆谓之公道。盖公道者，公允也；平也，世人公共所由之路也，文子所谓"人欲释，而公道行者"是也，与现在所说之"公理"二字大致相同。既是大家共认之道理，则各宜遵守，不得出入逾越，故社会遇有一件公道的事情，虽与众人无干，而众人必皆满意；遇有一件不公道的事情，虽与众人无干，而众人亦必大不满意，即所谓公道自在人心也。

一碗凉水，往平处端。
与人和事，不倾向一面，人辄以此语恭维之。

一手托两家。
与上语意同，亦不偏不倚之意。

人平不语，水平不流。
此韩退之所谓："物不得其平则鸣"之意，《五灯会元》"守卓"有此语。

胜者王侯，败者贼。

平常人论事只管成败，不管是非，故社会恒以此语讥之。

路上行人口似碑。

《五灯会元》有此语，社会永以此为公道的舆论。

厨中有剩饭，路上有饿人。

此老杜所谓"朱门酒肉臭，路有冻死骨"之意，不平极矣。

巧妻常伴拙夫眠。

此谢在杭诗也，见《随园诗话》，按此实与旁人无干，但因其不公道，故社会便代为不平。

一朵鲜花插在狗屎上。

社会恒引此语，以讥世之不平事，尤其对美妻拙夫用时最多。

骏马常驮蠢汉走。

官场上峰无学问，属员有学问，或品行端正之人，伺候品行不端之人等等，社会皆以此语形容。

耕牛无宿草，仓鼠有余粮。

或云系朱晦翁诗，见《坚瓠集》，后二句为："万事分已定，浮生空自忙。"社会引此有两种意义：一系不公道，二系须自立，不应靠人，因鼠系自备，牛须人喂也。

公道世间惟白发，贵人头上不曾饶。

此杜牧之诗也。

杀人偿命，欠债还钱。

方禹为杨五所害死，后向杨索命曰："杀人偿命，欠债还钱。"宋李之彦《东谷所见》已引此谚语，则知风行已久。

钢刀虽快，不斩无罪之人。

《五灯会元》有此语。

爱

后人侮之。"本来自己若不肯抬
举自己　　　　　自古行事最要紧的是自爱，到现
在社会

好　
不　

苍蝇　
自己

碱地　
碱地　　　　　　　　　古也。

甜瓜地　
此当然　　　　　　　　　　　按远嫌疑，即是自爱。

一身跳　
国人所　　　　　　　　　　有嫌疑的地方。

小姨不上姐夫门。
此为吾国旧礼教情形。

各人洗脸各人光。
先管自己，再说他人。

住场好，不如肚肠好；坟地好，不如心地好。
此劝人自爱之意，《癸辛杂识》载倪文节有此语。

丈八的灯台，照远不照近。
此讥不能自省之语。

天作孽犹可违，自作孽不可活。
语本出《书经》，至今乡老口中犹有此语，"活"原作"逭"。

千夫所指，无病而死。
《汉书·王嘉传》引有此谚，足见风行已久。

顺理行将去，随天分付来。
《七修类稿》有"信步行将去"。

常把一心行正道，自然天地不相亏。
唐大顺时僧元真诗，社会恒以此劝人自爱。

自作自受。
语出《五灯会元》，僧问金山颖："一百二十斤铁枷，教阿谁担？"

颖曰："自作自受。"

求人不如求己。
出自《贵耳集》，僧净辉对宋孝宗语。

好铁不打钉。
此系鼓励人自爱之语。

近火者先焦。
既知是火，自然应该远避。

跳到黄河也洗不清。
是讥不知预远嫌疑者。

墙倒众人推。
自己不倒，便无人来推。

人无下贱，下贱自生。
人果能自强自重，则无论那一行，也必有人钦敬。

自尊自重，自轻自贱。
人之被人尊重，被人轻贱，皆在自己所为。

有麝自然香。
人若能自爱，自然有人知道。

产业多时，品望高。

有恒产然后有恒心之意，但社会引用此语有时亦含讥笑势利眼之人。

敬酒不吃，吃罚酒。

此自系酒场恒情，但社会恒引此，系以讥不自爱不识抬举之人。

骂不知羞，打不知疼。

此讥不自爱之语。

救寒无如重裘，止谤莫若自修。

魏忠王昶引谚。

祸福无门，为人所召。

《左传》闵子骞语。

鄙 吝

"鄙吝"二字为人生很坏的毛病，孔子说：虽有周公之才之美，但骄且吝，其亦不足观也矣。

周公尚且如此，平常人更可想而知了，故社会最鄙视之。

铜钱眼里翻筋斗。

意思是永远与钱打交道，心目中只知有钱。

媳妇娘家走，婆婆张着口。

北方风俗，婆婆对于儿媳之苛求，实出情理之外，恒以媳妇娘家送礼之厚薄，以定儿媳之优劣，儿媳每逢归宁，回来时总带大篮吃食，借博婆婆之欢，家家如此，虽书礼之家，亦所难免，小家尤甚，诚恶劣之风俗也。故社会有此语以讥之，然有许多婆婆恒借此语以为口实，无耻极矣。

奴颜婢膝。

语出《抱朴子》，社会以之讥卑鄙之人。

省了盐酸了酱。

酱乃已发酵之豆类做成，倘盐太少，则必发酸，而不可食，是因

小失大也。鄙吝人做事往往如此，因其人为社会所不耻，则所失岂不甚大。

因小失大。

《易林》载"贲之蒙""顾小失大"，鄙吝人恒有此种情形。

大篓的倒油，满地上捡芝麻。

此非模糊人，正是鄙吝人，盖模糊人就连芝麻也不捡了。

大处不算小处算。

也是鄙吝人的毛病。

见小不见大。

与上句同一意义。

落水要命，上岸要钱。

意思是只在水中的一刹那，顾不得要钱耳。

房顶上开门。

既在墙间开门，则出门便须经过他人的地方，与他人有来往；而鄙吝之行为，在社会中一步也走不通，故只好在屋顶上开门。

鸡肠小鼠肚。

或云"鸡肠小肚"，盖形容鄙吝人意识之小也。

窗户眼里瞧人。

意思是看着世人都小，此与"坐井观天"一语意同。

一毛不拔。

此当然由《孟子》"拔一毛而利天下，不为也"一语变化而来，社会恒以讥悭吝之人。

取 巧

　　世有遇事取巧之人，当然为阴险一流，所以有时虽非恶意，而亦为社会所不满，以其太找便宜也。就如同蜀、吴、魏三国皆想做皇帝，而曹操之手段较为巧面便宜，遂为千古唾骂之人。即此便可知社会之公道，而做事之人亦可知所取法矣。

　　借刀杀人。
　　怂恿别人害人，以快己意。《红楼梦》第十六回有此语。

　　巧诈不如拙。
　　《魏书·刘晔传》注引有此谚，足见风行已久。

　　借棍打腿。
　　与上句意似略同，但不一样，上句借他人之刀杀人，此则借此人之棍，打此人之腿，如代某人办事，即设法害某人，或用某人之钱买害某人是也。

　　傍虎吃食。
　　他人害人，自己傍着得便宜。

狐假虎威。
语出《战国策》江乙对楚王问。

狗仗人势。
狗遇主人在旁，特别凶勇，确系实情，故社会恒借此以讥倚他人之势，以害人者。

趁火燎毛。
借人之势力，以完成自己之事。

助纣为虐。
或云"助桀为虐"，《汉书》中张良语。

借花献佛。
借他人之物以献于另一人者，语意似出《因果经》。

顺水推舟。
遇事不管是非，只顺他人之意思办去，虽非恶意，亦不忠心，故社会亦不赞成。

看风使船。
与"顺水推舟"之意略同。

比着葫芦画瓢。
陶谷诗："年年依样画葫芦"。社会引用此语有两种意思：一系述而不作，一系取巧省事。

脚踩两只船。

此系"哪边有利归哪边"之意。与《史记·灌夫传》"首鼠两端"之意略同。

船使八面风。

船虽然不见得可以使八面风，但除正面顶风之外，其余皆可仗帆，与舵合力借用也，故有此语，而社会则借此以形容做事太巧者。

引风吹火。

《红楼梦》，第十六回有此语。

羊毛出在羊身上。

社会引此，多半是讥笑讨便宜取巧之人，意思是讨来的便宜，还须出在自己身上。

阴　险

　　孟子道"性善"，宋儒则极端赞成；荀卿主"性恶"，宋儒乃极端反对。其实"性善"二字，实在是不见得妥当。每见君子做一件于人有益之事，便怡然自得，这可以说是性善的原因。而恒见街上车夫走卒三五闲谈，各述自己伤害他人之零星小事，大坏事却不讲，盖亦恐犯法也，则津津有味，得意洋洋，其实于自己亦毫无益处，是则去"性善"二字，确太远矣。且有一般专用心计害人者，大致他所认识之人，稍有得意之事，或可平安度日者，他便嫉妒，必要设法使之家败人亡，方能称他之愿。这种人最为社会所痛恨，故讥讽他的话多，特别厉害。

狼心狗肺。
恨之极，故骂之狼。

看你横行到几时。
此本咏螃蟹的句子，社会恒引以讥世这妨害人者，《野获编》载："严嵩擅权时，京师人恶之为语曰：'可恨严介溪，做事太心欺，常将冷眼观螃蟹，看你横行到几时？'"则此语风行已久。

人心可恕，天理难容。
此亦系恨极之词。

量小非君子，无毒不丈夫。

下句乃反面讥讽语。

口甜心苦。

此与唐李林甫之"口蜜腹剑"同一意义。

扯老婆舌头。

妇人多有背地好说人闲话者，故男子好说闲话，搬弄是非者，社会亦以此语讥之。

笑面虎，杀人刀。

此与"口甜心苦"意同，"笑面虎"三字见《谈薮》，乃人评王公衷语。又按唐李林甫与人语必微笑，而心狡险忌刻，时号易府"笑中刀"。

笑里藏刀。

此与上句似同一来源。

两头不见日。

做事欺瞒两头的意思。

狼狈为奸。

两人相倚做坏事，原句则为文学中恒用之语。

咬人的狗不露齿。

此系形容人有内心不外露的意思，按《淮南子》有"虎豹不外其牙，

噬犬不露其齿"之语，当即此语之来源。

小人耻独为小人。

社会中确有这种情形。

富贵若从奸狡得，世间呆汉吸西风。

此戒人不可做阴险事之意。

越奸越狡越贫穷，奸狡原来天不容。

此与上句意同，但系正面言之耳。

杀人不眨眼。

见宋曾慥《高斋漫录》。

势　利

　　"势利"二字，凑到一处，自古就不是好字眼，《汉书·张耳陈余传》曰："势利之交，古人羞之。"后人对此亦极鄙薄。

　　有钱买得鬼推磨。
　　鬼不伺候人，推磨尤费力，故社会以此形容有势力者，按《治世余闻》载："有人讥贵官诗曰：'有钱使得鬼推磨，无力却教人顶缸。'"

　　有钱买得手指肉。
　　用钱买肉，自然是应该随己之意，但若非要中间一块不可，则只好挖一穴洞，如此则以后不易售矣。故以此语讥之，言外之意就是有钱也不应想怎么样就怎么样。

　　财压奴婢，势压群僚。
　　这不是恭维的话。

　　君子当权积福，小人仗势欺人。
　　借上句以形容小人之势利。

　　有钱的王八大三辈。
　　此语讥讽已极。

一朝权在手，便把令来行。

朝廷既授以权，自然可以行令，所云"一朝有权，就要行令"者，盖讥其行令太速，是势利心太重也。按朱湾奉使设宴，戏指笼筹诗有"一朝权入手，看取令行时"之句，语当由此化来。

有钱的是朋友，没钱的是冤家。

此各衙门中三班六房之行为，社会恒借此以讥平常之势利眼者。

贫居闹市无人问，富住深山有远亲。

二语亦是讥讽的意思。

在京的和尚，出外的官。

在京的和尚专与一般王公、太监等来往，故有特别的势力；外官对于百姓有直接管辖之权，故社会有此语。

当方土地当方灵。

旧俗各村有各村之土地神，倘一村有属两县者，则须另有土地庙，故社会恒借此以讥横行于本乡本村之人。

强龙难压地头蛇。

外来的势力压不住本地的势力。

地保的老婆骂四邻。

地保或名地方，或名保正，即古里正、亭长之职，品格与从前大差矣。因其管理一村官事，故其老婆亦有如此之权威。

只重衣裳不重人。

见人穿身好衣服，就另眼相看，比讲真势利者又劣一等矣，按《五灯会元》"继昌偈"中有此语。

只有锦上添花，谁肯雪中送炭。

《宋史》太宗雨雪大寒，遣中使赐孤老贫穷米炭，范石湖诗："不是雪中须送炭，聊装风景要诗来。"

鸽子拣着旺处飞。

鸽子确有此病，故借以讥势利眼者。

拔根汗毛比腰粗。

此形容其钱财势力之大。

和尚无儿子孙多。

此自然是指的稍有积余之和尚，既系和尚，当然是无人承继其产业。于是便有许多势利眼之人来献殷勤讨好，故有是语。

树倒猢狲散。

按《谈薮》载有厉德斯《树倒猢狲散赋》一篇，乃讥曹咏之于秦桧也。

活着没有人，死了一大群。

此与"和尚无儿子孙多"一语同一性质，亦指有积蓄之人，死后有许多人来希望承继，此实中国旧家庭之情形。

人在人情在。

有地位之人如官员人等，则势利小人皆来敷衍；倘其人一死，则无人理会矣。

人善被欺，马善被骑。

此正是戒人不得仗势力欺人之意。

功名到手文章好。

讥势利眼之语，若不得功名，则文章虽好，人亦以为处处皆疵矣。

白马红缨彩色新，不是亲者强来亲。一朝马死黄金尽，亲者如同陌路人。

此亦系势利眼人之常情。

衣服破时宾客少。

此即贫居闹市无人问之意。

小人得志乱颠狂。

才有势力便不安分。

合　群

　　近来世界最讲合群，其实吾国古时已然，如"二人同心，其利断金""众擎易举"等的，这些话多得很，所以社会间对此也极为重视。古来所重的"恕"字，与此也有直接的关系，言对人能恕，则无事不可合群而理之也。至于好争竞，不能合群之人，则社会间极端反对，此种情形，社会名之曰"咬群"。

大家捧柴火焰高。
　　人多烧火，火自然旺；人多办事，事亦自然容易圆满。

三人同了心，黄土变成金。
　　此语当由"二人同心，其利断金"一语变化而来，黄土都可以变成金，足见同心合群之利大矣。《国语》引谚语有"众志成城，众口铄金"之句，与此意亦同。

狼众食人，人众食狼。
　　《论衡·间时篇》有此语。

花好还须绿叶扶。
　　花无论多好，也得绿叶帮衬，否则便不美观，意思是人有多大本领，

也得有人帮助，否则便不能成大事，或说"牡丹虽好，还须绿叶扶持"。

单丝不成线，孤树不成林。

也是非人多不能办事的意思。

人多得做活。

做活者，工作也。即"众擎易举"之意。

人情好似初相见，到老终无怨恨心。

人情初见必要客气，彼此相让，若果能永远如此，则未有半路绝
交者，此真为合群之要者。

一不扭众。

众人不同情，自然不应做，此正是合群之意。

胳膊扭不过大腿去。

腿之形粗于臂，腿之力大于臂，此亦从多数之意。

唇亡齿寒。

《左传》宫之奇谏虞君曰："谚所谓'辅车相依，唇亡齿寒'"云云，
是此谚语在周朝已早有之，到现在风行已二千余年，可谓久矣。

有福同享，有祸同受。

此语尤见合群之精神。

有财同享，有马同骑。

意思与前二语一样。

碾磨千家转。

北方乡间之碾磨多半是公共之物，就是一家之私产，也是任大家随便使用，所以有此一语。

大家的马儿大家骑。

意思是大家的东西，大家用，彼此都有尽让。

好花须是并头开。

花固然美观，并头开尤其好，意思是一人单独做事虽好，终不及与人合作也。《儿女英雄传》第廿三回有此语。

上阵还须父子兵。

父子共同御敌，必能获胜，因其同心合力也。

砣不离秤，秤不离砣。

有砣无秤，有秤无砣，皆不能衡物，两物相合则可尽其用矣。由此足见分则两废，合则两全。

秤不离砣，公不离婆。

此是彼此分不开的意思，不是此人离不开彼人的意思，合则圆满，分则两伤也。

人不辞路，虎不辞山。

人不辞路，虎不辞山者，乃人离不开路，虎离不开山也。意思是一人不能离开他人，盖不知何时便用得着，故不能得罪人。

知性者可与同居。

彼此相知性情，便可共同做事，因如此则能彼此原谅也。

两好归一好。

两方面都好，凑到一处，方能和好，倘一方面不好，则彼方面虽好，亦不能和好矣。此亦提倡处事必须彼此容恕之意。

日亲日近，日远日疏。

能够与人合群与否，全在自己之行为如何。

随乡入乡。

范成大诗："且复随乡便入乡"。《庄子》《南华经》中亦有"入其俗，随其俗"之语，此即合群之初步。

惺惺惜惺惺。

宋词有"惺惺惜惺惺"句，按聪明人都要爱惜聪明人，不会各恃聪明，彼此不相能也，若如此则是不聪明矣。

便宜不出当家。

当家者，本家也。北方呼本家、本族皆为当家子，当读去声，虽然使他占一点便宜，因为是一家人，固也无妨。意思是自己一群人中

总要相让。

先进山门一日大。

庙中规矩，不管岁数长幼，总以先进门者为师兄，其实工商各界亦然，此提倡人守分合群之意。

水涨船高。

《传灯录》载："水涨船高，泥多佛大。"原意本是所凭借者高，则自己地位随之亦高，而社会用此语则往往有相容之意，云自己高，他人亦高，为水者不必怨船高于自己也。

一个锅里搅马勺。

马勺者，在锅中盛饭之勺也。杨维桢诗有"银马杓中劝郎酒"之句，既同在一锅中吃饭，则界限便不能分得太清楚，所以彼此者须容恕。

里水不出，外水不入。

若无本群之人与外人勾结，则群外之人不容易攻进来。

能者多劳。

《庄子·列御寇》篇云"巧者劳，而知者忧"，语或本此，社会用此语是既有本事便应该多办事，亦替人尽义务合群之意。

以上都是正面提倡合群的话。

一个巴掌拍不响。

此语当然由"孤掌难鸣"一句变化而来，《韩非子》有"一手独拍，虽疾无声"之语。

一个和尚挑水吃，两个和尚抬水吃，三个和尚买水吃。

既有两人，则不肯一人独挑了；共有三人，则又无法合抬，只好买着吃了，此可谓真正不能合作者矣。

龙多死靠。

旧俗《时宪》书中，永远注几龙治水，俗传龙愈多雨愈少，故云"龙多死靠"，以讥不能合群办事之人。

人多垒倒了墙。

此讥人不能合作之意。

针尖对麦芒。

此或来于"针锋相对"一语，意思是一个比一个尖，彼此不相让也。俗云："好占便宜者，为尖头。"

鹬蚌相持，渔翁得利。

语出《战国策》。

兔死狐悲，物伤其类。

《宋史·李全传》，有"狐死兔泣"一语。

窝里反。

一群人之中自相竞争，俗曰"窝里反"。

水炭不同炉。

《盐铁论》有"水炭不同器，日月不并明"之句。

同行是冤家。

凡同行同业之人多相竞争，故有是语。

猫鼠同眠。

《唐书·五行志》载："猫鼠同处，鼠隐伏，象盗窃，猫职捕啮而反与鼠同，象司盗者废职容奸"云云，乃是暗容宵小之意，现在社会引用此语，多半是彼此万不能合作的意思。

两败俱伤。

语意或来源于《战国策》中之"两造相争，败者固伤，胜者亦未始不伤也"等语。

人多主意多。

各人有各人的意见，谁也不肯服从谁。

人多口杂。

与上句意思相同。

大水冲了龙王庙，一家人不认得一家人。

此亦有"窝里反"之意。

羊群里跑出骆驼来。

此与文言"鹤立鸡群"一语性质不同，彼是说鹤之优秀，此则只说不能随众，盖讥不能合群之人者，然亦有与众不同之意。《红楼梦》第八十八回有此语。

不是冤家不聚头。

此形容人不能合作之意，各种小说中最爱引用此语，《红楼梦》第二十九回有此语。

架着炮往里打。

此为残害同群之尤者。

害群之马。

语本《庄子·徐无鬼》篇，社会以此讥妨害公共事业之人。

同室操戈。

此不能合群之尤者。

客少主人多。

字面意思很好，但社会引用此语则是讥出主意之人太多。

人非人不济，水非水不流。

见《曾子》。

恩　德

　　人生受人恩德，必须设法报答，古人讲"结草""衔环"，虽死不忘。若背德负恩，则社会必群起而攻，倘再恩将仇报，则不齿于人类矣。

　　受人的滴水恩，当报涌泉。
　　此正合孔子以德报德之意，以德报德者，人待我好，我待人更好；以直报怨者，人待我怎样不好，我就待他怎样不好，所以曰直，直即今"值"字之意。

　　士为知己者死，女为悦己者容。
　　司马迁《报任少卿书》中有"士为知己者用，女为悦己者容"，今改为"死"字又进一层矣。

　　一日为师，终身为父。
　　此亦不忘师恩之意。

　　瓜子不饱是仁心。
　　此言报德者，力虽微，不嫌其薄，盖只能心想答报，便非负恩，正不在物事之多少、事情之巨细也。

过河拆桥。

《续通考》载："许有壬科目出身，会有诏罢科举，有壬署名，人谓其'过河拆桥'。"社会恒以此语，讥受人好处事过便忘之人。

念完经打和尚。

既使其念经，则念完后便当酬报，不报而打，无理极矣。

拿着好心，没好意。

意思是人家待自己确系好心，自己却以为人家不是好意。

人无害虎心，虎有伤人意。

此语乃晋郭文答温忠武语也。

卖主求荣。

此负恩之尤者。

船家不打过河钱。

此语字面于乘船者无干，但社会引用都是说恐怕乘船人过了河不给钱的意思。

好心不得好报。

此正讥忘恩者之言。

教会徒弟打师傅。

此忘恩之尤者。

念　旧

　　国人的心思最讲念旧，这因为从前各种学问都是研究旧事，又因家族宗族的观念，又有从前科举师生的关系，所以造成这种脑思。按这种情形于诸事进步或稍有阻力，但于合群一层则有益无损。

　　亲不亲，故乡人，美不美，故乡水。

　　故乡人都是自小一同长大，自觉可亲，至于故乡水，则完全系北方吃井水的思想。井水的质素本来一处，一个口味，故乡吃惯之水，自然觉着适口，不用说自来水各处皆可相同，就是南方所饮之河水，亦各处相差有限。

　　五百年前一家人。

　　此语字面完全是同姓的关系，但社会则往往因上几辈有交情，或上辈曾经同事等，皆引用之。

　　贫贱之交不可忘，糟糠之妻不下堂。

　　汉光武谓宋弘曰："谚言'贵易交，富易妻'，人情乎？"弘对曰："臣闻'贫贱之交不可忘，糟糠之妻不下堂'。"

人是旧的好，衣是新的好。

《晏子春秋》有"衣莫如新，人莫如故"之语。此旧字包含两种意思：一系老人，一系旧朋友。

叶落终归根。

《传灯录》有"叶落归根"字样，喻返本也。社会用此则劝不忘本者。

一夜夫妻百岁恩。

此非关女子守节，乃夫妇都应念旧之意。

翻脸不认人。

此讥人不念往日交情之意。

既有现在，何必当初。

讥人相友不终也。

睦 邻

　　古人对于邻居最为重视，《书经》载："懋乃攸绩，睦乃四邻。"《左传》："亲仁善邻，国之宝也。"又："救灾恤邻，道也。"《南史·吕僧珍传》云："百万买宅，千万买邻。"一直到现在国民还是这种思想，这种情形与合群的思想是很近的，实在是一种美德。

宁恼远亲，不恼近邻。
此即杜甫诗句"不教鹅鸭恼比邻"之意。

是亲必顾，是邻必护。
此比不恼近邻又进一步。

一家有事，四邻不安。
此足见邻居关系之重。

亲戚远来香，邻居高垒墙。
此非拒绝之意，乃界限分明，惟恐得罪耳。

行要好伴，住要好邻。
此兼勿友不如己者，里仁为美两种意义。

千金买宅，万金买邻。

此当然由《南史》中之"百万买宅，千万买邻"一语变化而来。

遇　合

　　"遇合"二字为人生很重要的事情，即古时所谓际遇、遭遇是也。西洋虽然也讲遇合，但彼之遇合情形较轻，盖每人学问有文凭，做事有证书，无论到何处，将文凭证书呈出，便可知其学问行为之大概。吾国做事之勤惰，品行之好坏，向来无人代为证明，学问之优劣，亦非一二篇文章所能表现，所以历代皇帝之用人，官员之品人，以至为各种工作之找人，事前都是捕风捉影，非真能知人之大英雄、豪杰，是很难遇合的。此《旧唐书》"太宗纪"论所谓"君臣之际，遭遇斯难"是也。不但君臣如此，一切事情均系如此。不过在人曰遇合，在事曰机会就是了。所以到现在社会中对于此事仍极重视，数千年心理习惯使然也。

　　家贫出孝子，国乱显忠臣。
　　此乃人与时事之遇合，倘不因贫乱，便难自现，《唐书·崔圆传》有"世乱识忠臣"之语。

　　疾风知劲草。
　　唐太宗诗："疾风知劲草，板荡识诚臣。"

向阳花木早逢春。
宋苏麟《上范文正公诗》："近水楼台先得月，向阳花木易为春。"

一朝天子一朝臣。
意思是什么样的皇帝，用什么样的官，亦言其遇合之巧，凡各种社会团体中主事人与办事人，同心思者无论好坏，皆以此语概之。

天从人愿。
形容遇合最巧之语。

事向无心得。
此章碣诗也。

一举首登龙虎榜，十年身到凤凰池。
社会引此，乃言人遇合之快，宋刘昌言《上蒙正诗》也。

买金的遇见卖金的。
一切巧遇的事情，皆以此语比拟之，按《五灯会元》有"卖金须是买金人"之语。

无巧不成书。
此形容各种小说遇合太巧之语，于事之巧遇者，亦皆以此语赞之。

灾退遇良医。
凡有难办之事，遇人代为了结者，皆以此语概之。

馒头吃到豆沙边。
正是好时候。

运退黄金减色，时来顽铁生光。
此非迷信语，乃言机会之遇不遇耳。

蓬生麻中，不扶自直。
语出《荀子·劝学》篇。

有钱难买对劲。
对劲者，恰合时候也。

有缘千里来相会，无缘对面不相逢。
此缘字虽有禅意，然确系说遭遇之难易。

瞎猫碰见死耗子。
此为最好之遭遇。

瘸驴对破磨。
虽然两造都无本领，能彼此将就，则亦能互助成事。

各人有各人的缘法。
遇合非偶然。

冷手抓住个热馒头。
不期而遇，又解馋，又暖手，可谓喜出望外。

力田不如逢年，善仕不如遇合。
语出《史记·佞幸列传》赞。

力田不如逢年，力耕不如见公卿。
此古诗中秋胡对采桑妇之语。

千里马，还要千里人骑。
此亦须遇合之意。

莫谓东风长向北，北风也有转南时。
语颇费解，然戏剧中最爱引用，此亦机会总有遇到的时候之意。

刚说曹操，曹操就到。
此北京恒用之语，它处很少用，也是机会适合的意思。

后浪推前浪。
继续不断的意思，研究学问者得其传人，自是快事。

可与人言无二三。
《啸虹笔记》有此语，足见风行已久，社会引此乃形容知己之难遇。

一文钱憋倒英雄汉。
亦伤时机不遇之意，《儿女英雄传》第十九回有此语。

过了这个村，没有这个店。
时机不可失之意。

屋漏更遭连夜雨，破船又遇打头风。
遭遇不巧之极。

煮熟了的鸭子又飞了。
时机已失。

驴唇不对马嘴。
遇合不巧，机会不对。

急惊风，碰见慢大夫。
遇合不巧，反致误事。

冤家路儿窄。
冤家者仇人也，人生在世，仇人愈多，自然就愈窄，故容易遇见仇人，《红楼梦》第一百回有此语。

英雄不得志，反被小人欺。
伤遇合之不偶。

阴错阳差。
此为星命家语，社会恒借以形容事之不巧者。

干柴近烈火。
本亦对头相遇之意，社会恒借以形容世之怨女旷夫。

有意栽花花不发，无心插柳柳成荫。

机会可遇，而不可期。

现钟不打，现去炼铜。

错过机会之意。

因祸得福。

语出《史记》，管仲相齐，其为政也，善因祸而得福。

将错就错。

因错误而曲就之，《五灯会元》载杨次公辞世偈："将错就错，西方极乐。"

万两黄金易得，知心一个最难求。

此形容遇合之难，与上句意同。《红楼梦》第五十七回有此语。

穷汉养娇儿。

也算际遇不好，社会引此，则有难为情之意。

娶妇不着一生贫。

杨诚斋《江东集·和王道父山歌》有此语，此亦遇合不好之意。

金刀各用。

此本量材器使，亦有须遇合之意，按古有"砧刀各用"一语。

张三的帽子，给李四戴上。

田艺蘅《留青日札》载："俗谚云：'张公帽掇在李公头上。'"
是此语由来已久。虽为名实不符，亦有遇合不巧之意。

人逢喜事精神爽。

《儿女英雄传》第一回有此语。

数面成亲旧。

陶渊明诗。

大材小用。

《后汉书·边让传》有"大器之于小用，固有所不宜"之语。

慎 交

古人将朋友列于五伦之内，其重视可知，故古来最慎重择友，《大戴礼》所谓"上亲贤，则下择友"也。现在社会对于能捡择朋友的人，还是很恭维，对于滥交于人，却很讥讽。

近朱者赤，近墨者黑。
此《傅玄箴》中语。

跟着好人学好人。
与上句意同。

挨金似金，挨玉似玉。
与上句意同。

要想近君子，必须远小人。
倘交友太滥，君子自然要疏远的。

结有德之朋，绝无益之友。
与上句意同。

居必择邻，交必良友。
此正慎交之真意。

买卖好做，伙计难搭。

从前国中无宪法、无商法，有同伙做生意者，倘有一人变心，便不可收拾，故社会有此语，亦借以警戒慎交之意。

真人面前莫说假话。

《五灯会元》有"真人面前不说假"一语，社会引此皆系既遇到好人，就应该推诚相与之意。

莫信直中直，须防人不仁。

此虽没有不逆诈的本领，但有阴险之人，亦不得不小心。

远来的和尚会念经。

意思是不知其详细，便以为他会，其实不准靠得住，故不可轻信。

养狼当狗。

不但不能守夜，且或被其所伤，交友不可不慎。

未必他心是我心。

既不知其心，便须谨慎。

引鬼上门。

交一坏人，便与此无异。

能跟明白人打顿架，不跟糊涂人说句话。

跟明白人打顿架之后，事情是非总可以希望弄得清楚。跟糊涂人说一句话，或许招出许多麻烦来。

引狼入室。
此或由"引狼自卫"一语变来。

酒肉朋友。
此只大城池中有之，乡间尚少。

养汉老婆拉四邻。
近居尚且如此，何况交友？

新娶的媳妇三日香。
意思是不可看一时，仍须慎审。

新盖的茅房三日香。
与上句意同，茅房者，厕所也，亦择交须慎之意。

从善如登，从恶如崩。
见《国语》。

海枯终见底，人死不知心。
杜荀鹤诗。

君子之交淡如水，小人之交甜如蜜。
《礼记》有"君子之交淡如水，小人之交甘如醴"之句。

冒　险

西洋做事最贵有冒险性，其诸事之成功，亦尽在此。吾国旧日也有这种思想。

不入虎穴，焉得虎子。
《后汉书》班超使西域，对其官属语。

胆小不把将军做。
办大事必须有胆。

虎嘴里夺肉吃。
此比《庄子》所云"料虎头、编虎须"又难一步，谚语亦有"捉虎须"一语。

管骑马，管跌交。
担任事情，就难免有为难的时候。

骑马上树打秋千。
都有冒险的性质。

来者不怕，怕者不来。

既做此事，便不怕为难。

小河里没有大鱼。

想得大鱼，就得下深大之河；想办大事，难免冒险。

丑媳妇难免见公婆。

苏轼《杂纂二续》载"怕不得八事，一曰'丑妇见公婆'"，社会引用此语意思是虽没有本领，也得努力冒险去做。

虎口拔牙。

此较"不入虎穴，焉得虎子"一语尤难。按王逢原《书孔融传》诗"戏拨虎须求不啮，何如缩手袖中归"之句。

疾雷不及掩耳。[1]

此形容人做事迅速之意，语出《六韬·军事》篇"疾雷不及掩耳，迅电不及瞑目"。

鸡子头上搭窠。

《五灯会元》有"鸡子头争敢安窠"之语。

---

[1] 亦作：迅雷不及掩耳之势。

知　足

　　《周礼·地官》大司徒曰："以度教节，则民知足。"《老子》载："祸莫大于不知足。"盖人生果能知足，则无处不可安然自得。反之，若永远不知足，则无事不可为矣。故社会对于知足者，皆极端恭维；至于不知足者，则与贪字相去不远矣。

大厦千间，只眠七尺。
近来活人房屋越多越不够，真是无谓。

马背不如牛背稳。
此并非无远志之语，不过随遇而安耳。

收船好在顺风时。
该知足时，便应引退。

平安即是福。
此亦劝人不必强求之意。

得意不可再往。
　　《闻见前录》载康节先生常诵希夷先生之语曰："得便宜事，不可再做；得便宜处，不可再去。"王崇简《冬夜笺记》则云："陈希

夷尝应士大夫曰：'优好之所勿久恋，得志之地勿再往。'"语或本此。

一家安乐值钱多。

果然能一家安乐，则实在可以知足了，唐人诗句云："安乐值钱多"，宋罗大经《鹤林玉露》第九卷载："周益公常以此题燕居之室，对句为'富贵非吾愿也'。"

世间好物不坚牢。

此亦"官大有险，树大招风"之意，按此系白居易诗。

到甚山儿砍甚柴。

此亦随遇而安知足之意。

比上不足，比下有余。

《鹪鹩赋》有此语，社会引用此都是劝人知足之意。

千年田地八百主。

田地一千年改换八百主，则暂为己有，便可知。《五灯会元》灵树和尚有此语。

乐极生悲。

凡事皆应知止，语出《史记》之"酒极则乱，乐极则悲"。

贪多嚼不烂。

此讥不知足之人，《红楼梦》第九回有此语。

狗揽八泡屎，泡泡舔不清。

此亦讥贪多不知足之人。

得一步进一步。

即"得寸进尺""得陇望蜀"之意。

但有路在上，更高人也行。

此龚霖诗也。

安步当坐车。

颜蠋辞齐宣王曰："蠋愿得归，晚食以当肉，安步以当车，无罪以当贵。"遂不仕。

好物不在多。

朱巩对元宗有此语，足见风行已久，见宋郑文宝《南唐近事》。

天若有情天亦老，月如无恨月长圆。

上句为李长吉句，下为石曼卿对。

改 过

吾国经书中之"过"字，并不是坏字眼，人的短处往往就是好处，寡过未能确系精言，但有过必须得改，倘不能改，那就是个坏人了。

败子回头金不换。[1]
败家之子，若改了过，比好的还好。因其多了许多阅历也。

爹娘打骂中何用？成人还是自成人。
是真改过者。

放下屠刀，立地成佛。
《山堂肆考》载："屠儿在涅槃会上，放下屠刀，立便成佛。"言改了过自然就有善果也。

孽海茫茫，回头是岸。[2]
此释家语。

---

[1] 亦作：浪子回头金不换。
[2] 亦作：苦海无边，回头是岸。

良药苦口利于病，忠言逆耳利于行。

《孔子家语》中孔子之言，至今流传，此语虽非改过之意，但社会引用，多系劝人听好言，改过的性质。

临崖勒马。[1]

极危险的时候，能够幡然悔悟，立即平安。

谁知错认定盘星。

秤上第一星不放物件，而两头平衡者，名曰定盘星。盖不知是定盘星，则无以衡量物事也。从前错认，如今方知过而改者也。

好了疤瘌忘了疼。[2]

此讥不能改过之语。

狗改不了吃屎。

此语尤恨世之不能改过者。

急流勇退。

宋麻衣道人说"钱若水有此语"，社会引此多系劝人在得意时引退之意。

---

[1] 亦作：悬崖勒马。

[2] 亦作：好了疮疤忘了疼。

定 见

　　凡人做事贵有定见，但是"有定见"三字，与刚愎自是者不同。刚愎自是者，是不虚心，不审察，一味以自己主意为是；有定见者，事前必须多方审慎，然后定计。既定之后，不易随便更动，所谓决大计者不游移，《左传》所云"卜以决疑，不疑何卜"者是也。再者，人有定见方能有决心，有决心做事，方能有始有终，故社会对此极为恭维，若夫毫无主意之人，世俗所谓随风倒者，则决不能成大事矣。

　　当断不断，必受其乱。[1]
　　《史记·春申君列传》赞中有此语，据《前汉书》云："系道家之语。"

　　当取不取，过后莫悔。
　　意与前句略同。

　　莫做亏心侥幸事，自然灾患不相觉。
　　不必疑惑。

---

[1]　亦作：当断不断，反受其乱。

平生正直无私曲，问甚天公饶不饶？

问心无愧，祸福自不足关心，更无疑惑。

见怪不怪，其怪自败。

《夷坚志》姜七语客曰："见怪不怪，其怪自坏。"此语唐朝即有之。见梁章钜《浪迹续谈》。

为人不做亏心事，半夜叫门心不惊。[1]

自问无亏，无事可怕，自有定见，毫无疑义。

心正不怕影儿邪，脚正不怕倒答鞋。[2]

倒答者，后坐跟之谓也。

邪不侵正。[3]

自己心中有一定正当的见解，则外间之邪说当然不能侵入。

快刀斩乱麻。

处诸事纵横混乱之际，非有如此断力不可，此即所谓唐人用一切之法的意思。

齐不齐，一把泥。

此砌墙瓦工恒用之语，社会常引用以形容办事之有决断者。

---

[1] 亦作：不做亏心事，不怕鬼叫门。

[2] 亦作：身正不怕影子斜，脚正不怕鞋子歪。

[3] 亦作：邪不压正。

疑人莫用，用人莫疑。

语见唐《陆贽疏》，按成事之人实应如此。

自家有病自家知。

自己的毛病，自己应该知道。不得因他人恭维，遂谓自己无过。

各人心事各人知。

与上句同一意义。

是非终日有，不信自然无。

浸润之谮，肤受之诉，尚不应该信，况背后之言乎。

傍耳之言，不可深信。

《韵会》谮字下注曰："旁入曰谮。""傍耳"二字，或即本此。

来说是非者，便是是非人。

此语极有见解。

有事但近君子说，是非休听小人言。

此须预先辨别清楚。

人善人欺，天不欺。

此劝人做善事，须有定见，恶畏人欺而改行之意。

日久见人心。[1]

不可因一时间话，不信朋友。

肚里没病，不怕冷黏糕。

自信力强。

板上钉钉。

自然不易移动。

能折不屈律。

屈律，弯也，《齐民要术》有"白杨为屋材，宁折终不屈挠"之语。社会引此有两种意义：一系说人之刚硬，二系说人有准主意。

拿的起来放的下。[2]

自己乐做就做，不乐做就不做，正是形容人极有定见之语。

定法不是法。

此语极有道理，盖凡事皆须从权，不可用印板文章也。按此即《老子》所谓"道可道，非常道"，《孔子》所谓"余欲无言"之意。

此处不留人，自有留人处。

我之主意虽然不能与此处相合，但自有相合之处，此陈后主赠沈后诗。前两句为"留人不留人，不留人也去"，见《六朝诗》。

---

[1] 亦作：路遥知马力，日久见人心。

[2] 亦作：拿得起放得下

冤各有头，债各有主。[1]

不许波及旁人。

一个将军一个令。

自己有自己的主意，不能迁就。

江山易改，秉性难移。

此虽与有定见稍异，然亦系个性，故附列于此。

咬定牙关。

此亦有定见之意。

瓜熟自落。

《云笈七签》有"瓜熟蒂落，啐啄同时"之语，社会引用此固多含不必费事的意思，但亦有可以坚候，不用另想主意之意。

做事须做彻，救火须救灭。

此可算是主意坚定，《儿女英雄传》第十回有此语。

为人为到底，送人送到家。

主意坚定，自然能够有始有终，至美德也。

一不做，二不休，推倒葫芦洒了油。

不做则已，做就做到底。

---

[1]　亦作：冤有头，债有主。

出水才看两腿泥。
坚忍做事，到终了方有结果。

好事多磨。
此语最初是有志总不容易遂的意思。后来引用，都含有好事向来多磨，所以必须坚忍有毅力，方能成功之意。

水清方显两般鱼。
上句为"浑浊不分鲢共鲤"，剧本中最爱引用此二句。

死活一身汗。
意思是成败在此一举。

滚锅泼老鼠。
此与"快刀斩乱麻"同一意义。

一了百了。
做完一件事情，则它事皆迎刃而解矣。

一刀两断。
处事简捷，有决心之意。

拉破耳朵扇子扇。[1]
此所谓拼命也要去做。

---

[1]　亦作：脑袋破了用扇子扇。

先下手为强，后下手遭殃。

既有决心，便应即时做起。

老虎不吃回头食。

既有定见，便应一直做下去。

再来不值半文钱。

张子惠赠谢叠山北行诗："此去好凭三寸舌，再来不值半文钱。"

因噎废食。

《淮南子》载：有人噎死而禁天下之食则悖矣。社会恒借此以讥无定见之人。

有病乱投医。

最好是有病早投医，若乱投则多半坏事。

棉花耳朵。

俗以轻信言语者，为耳朵太软，故有此喻。

人云亦云。

蔡松年诗，即"他日人云吾亦云"，社会恒引此以讥无主意之人。

又想吃，又怕烫着。

想做事而畏难者，决不能成事。

夜长梦多。

语出《吕晚村手书家训》，乃时久则变，无定见之意。

三心二意。

既有三心，又有二意，可谓无主意已极。

心猿意马。

《参同契》注云："心猿不定，意马四驰。"

以耳为目。

不求事实，轻信人言。

今日东明日西。

做事无定向。

高不成，低不就。

按字面说，是高的攀不上，低的不愿就，社会引用此语，则往往含主意不定之意。

活络络转拨拨。

此为无主意之尤者。

顺着杆子爬。

忽而爬到这头，忽而爬到那头。

事不关心，关心则乱。

有主意之人，虽关心亦不至乱。

藕断丝连。

孟郊诗："妾心藕中丝，虽断犹牵连。"本系情意不绝的意思。社会引用，则多含无决心之意。

秀才造反，三年不成。

犹豫极矣。

贼人胆虚。

凡做了不正当之事，总疑惑旁人议论自己。

酒不醉人人自醉，色不迷人人自迷。

此讥无定见之人。

疑心生暗鬼。

语出宋吕本中的《师友杂志》，社会引用此皆系讥人无定见之意。

莫把忠言当恶言。

不要疑心。

东抓葫芦西抓瓢。

此形容人无主意之语，意思是不知他果然用瓢或用葫芦。

朝三暮四。

语出《庄子》，但有两种意义：一自己无定见，二以诈术欺人，社会引用此则多取第一意。

覆水难收。

此讥当初无定见，后悔也来不及，事见《鹖冠子》注：太公封齐事，又李白诗"雨落不上天，水覆难再收"之句。

畏首畏尾。

语出《左传》。

天下本无事，庸人自扰之。

唐陆象先有此语，社会引此亦讥人无定见之意。

一犬吠影，众犬吠声。

此讥人无定见者，语出《晋书》，原文乃"一犬吠形，众犬吠声，惧于群犬，遂至旦听。"

彼有千方妙计，我有一定之规。

此与《庄子》"抱神以听"同义。

大树大皮裹，小树小皮缠，庭前紫荆树，无皮也过年。

宋僧行持诗。

一劳永逸。

见《魏书》。

大风先倒无根树，伤寒偏死下虚人。

顺昌种谷道人语，见《鸡肋编》。

各人主意各人拿。

不听谗言之意。

勤　惰

　　勤做勤学都是人生必需的字眼，"努力"二字则更进一步矣，故曰："少壮不努力，老大徒伤悲。"盖人一生果能勤，则决不至冻馁；再能努力而有恒，则未有不成功者。故社会对此极为重视，倘一懒惰懈怠，则绝对不会成事的，故社会对此乃极端讥讽。

休道成人不自在，须知自在不成人。
　　自在者，任意也，按宋罗大经《鹤林玉露》第九卷载朱晦庵小简，有谚云"成人不自在，自在不成人"一语，见此语来源已远矣！

少壮不努力，老大徒伤悲。
　　此为古乐府中的句子，流传已千余年矣，且是风行全国。

有事难陪没事人。
　　勤苦惜分阴之意。

有备无患。
　　语出《书经》。

敏而好学，不耻下问。
　　语出《论语》。

三人同行，必有我师。
同上。

人死留名，豹死留皮。
《五代史》王彦章语，社会引此乃劝人努力之意。

入水见长人。
人到做文章、做事之时，方现出人之学问本领，《五灯会元》有此语。

将相本无种，男儿当自强。
此语未考所出，然戏曲中最喜用之。韩退之诗曰："富贵由身致，谁教不自强？"与此意同。

十年窗下无人问，一举成名天下知。
戏曲最喜用此语，元刘祁《归潜志》已引此语。

铁打房梁磨绣针，功到自然成。[1]
事迹出道家。

流水不腐，户枢不蠹。
语出《吕氏春秋》。

细水长流。
此劝人不必猛进，但须有恒之意，《遗教经》云："汝等常勤精进，

---

[1] 亦作：只要功夫深，铁杵磨成针。

譬如小水长流，则能穿石。"

功夫不到，武艺不高。

此武术家语，社会恒借以鼓励众人。

冰冻三尺，不是一日之寒。[1]

凡事有恒久的努力，自能成功。

行得春风有夏雨。

劝人努力之语，意思是功夫做到，自然有结果，陈后山《后山谈丛》引有此谚，想来是风行已久。

绳锯木断，水滴石穿。

此劝人有恒之意，语见《鹤林玉露》。

世界无难事，只怕有心人。[2]

有恒心不怕难，多难事也可以办成。

多年道儿走成河，多年的媳妇熬成婆。

此非忍受的意思，亦提倡努力有恒心耳。

一夫当关，万夫莫开。

语出李白《蜀道难》诗，原意本形容地势险峻，而社会引此则多

---

[1] 亦作：冰冻三尺非一日之寒。

[2] 亦作：世上无难事，只怕有心人。

含如凡事努力，则他人不能破坏的意思。

老虎吃蚂蚱，碎拾掇。

此即"宁为鸡口，勿为牛后"之意，不怕收得少，只要能长久，就可足用。

骑上虎下不来。[1]

隋独孤后说隋文帝语，社会引此乃喻从前做事错，但目下只须努力耳。

吃得苦中苦，方为人上人。

此亦戏曲中恒用之语。

树大阴凉大。

本领学问大，自然名誉就大，是鼓励人勤学进取之意。

好汉不怕出身低。[2]

亦戏曲中恒用之语，意思是出身虽不高，努力自能腾达。

大主的犁杖，小主的锄杠。

《孟子》载"深耕易耨"，盖不深耕则禾土不能换，土不能换，则禾苗不易壮旺，大主骡马壮，能深耕，小主只用两个小驴拉犁，自然不能耕深，但用锄耘田时，极力深入，则等于深耕，也是提倡努力

---

[1]　亦作：骑虎难下。

[2]　亦作：英雄不问出处。

之语。因大主耘田皆是雇人，不肯如此用力，而小主则皆自耕自己之田，故能尽力也。

死里求生。

《晋书》有"死中求生，正在今日"之语，社会引此多鼓励人努力之意。

死棋肚里有仙招。

用心努力，则有仙招可活，否则非死不可，《随园诗话》中恒引此语。

事到无方定有方。

意思是世界上决无死路，要在人努力耳。

行行出状元。

哪一界里头都有出类拔萃之人，但须自己努力耳，戏曲恒用此语。

耕当问农，织当问婢。

《南史》沈庆之曰："治国如治家，耕当问奴，织当访婢。"社会引此乃劝人虚心求教之意。

苦的不尽，甘的不来。

此当然由"苦尽甘来"一语变化而来。

一寸光阴一寸金。

此当然由"禹惜寸阴"变化而来。

早起三朝当一工。
南宋楼钥诗，社会引此亦系劝人每日早起之意。

闲时制下忙时用。
苏祐《逌旆琐语》引有此谚，足见风行已久。

守过荒年有熟年。
此非忍耐之意，乃须努力想办法的意思。

有状元徒弟，没状元师傅。
意思是不能以师傅所教者为止，还须自己努力，所以师傅学问稍差也无妨碍。

大富由命，小富由勤。
宋尚宫《女论语》中有此语。

皇天不负苦心人。
此非迷信，盖天不负者，唯苦心努力之人。

谋事在人，成事在天。
事情成否固然在天，但若不努力去做，则天亦不能帮助。

晴天开水道，须防暴雨时。
凡事预防，亦劝勤之意。

师傅领进门，修行在个人。
虽有师傅领导，仍须自己努力。

德由人积，鉴由天。

社会用此语并非图报答的意思，仍是凡事须要努力，无论人议论如何，我总要努力去做。

神仙不是凡人做。

凡人努力修行，方能成神仙。

好汉不是充的，泰山不是垒的。

意思是非一朝一夕之故，乃日久努力工作而来。

剥蒜剥葱，也算一工。

原意厨房中的大厨师傅，虽然本领高，但能做下手活者，也可挣饭吃。社会引用此语，则多含但能工作便胜闲懒之意。按《荷花荡传奇》有"烧火剥葱，也当得一工"之语。

十年之后，一龙一猪。

韩愈诗："三十骨骼成，乃一龙一猪。"盖人在幼时都是一样，既长，努力者便成龙，懒惰者便成猪。

捷足先得。

《史记》蒯通曰："秦失其鹿，天下共逐之，高材捷足者先得焉！"原意是腿生来的快，社会用此语则系努力快跑的意思。

走的到，买的值。

意思是虽然不知货物之行市，但多问几家，则价值如何便能比较

判断，不至多花钱了；言外是倘遇不明了之事情，则多问人便为明了，是亦勤之好处。

死店活人开。

店铺屡开屡倒闭者，俗谓之死店，但有时有人重复开张，亦能得利而发达，要看能否努力耳，故有此语。

白手成家。[1]

空手创立家业也，凡无所凭借而成事者，社会皆引此以奖之。

勤能补拙。

白居易诗"补拙莫如勤"，亦系用当时的谚语。

勤俭不愁贫。

凡人能勤，虽不敢说必能致富，但定不致受冻馁。

救寒莫如重裘，止谤莫如自修。

陈轸说楚令尹昭阳之语。

不受苦中苦，难为人上人。

《五灯会元》有此语。

夹汗漏出身。

汗漏者小褂也，意思是连一件长衣都没有，只夹着一件小褂，便

---

[1]　亦作：白手起家。

将家业创就也，官场有赐进士出身，故此亦用"出身"二字。

不读哪家书，不识哪家字。

不学哪一行，便不知哪一行的情形，言外是一经努力，便可知晓。

丢下耙儿拿扫帚。

足见无闲懒之时，意思是这件事刚办完，就办那一件，或云"放下簸箕拿笤帚"，《红楼梦》第四十七回有此语。

一遭生，两遭熟。[1]

凡事不要畏难，只管努力做去，一次不会，两次就会了。

日计不足，月计有余。

《文子·精诚》篇有此语，《管子》则作"月不足而岁有余"，社会引此系劝人有恒心之意。

没有三遭的力巴。

意思与前"一遭生，两遭熟"相同，力巴者，未经学习之谓也，山东人尤喜用此字眼。

死马当活马医。

语出宋朱翌《猗觉寮杂记》，社会用此意思是虽然无望，也要努力。

---

[1] 亦作：一回生，二回熟。

大事不过三。
此与"没三遭的力巴"一语，意思大致相同。

挽弓当挽强，擒贼先擒王。
杜甫诗有"挽弓当挽强，用箭当用长，射人先射马，擒贼先擒王"之句。社会用此语系努力捡着难事去做的意思。

一个羊也是放，两个羊也是放。
只要稍努一些力便妥，并不见得费多少事。

羊群里丢了，羊群里找。
意思是做事虽偶失败，还须接着努力，总有成功之一日。

没有大纲，得不了大鱼。
没有真本领，办不了大事。

一夫拼命，万夫难当。
社会引用此语，不重其字面，乃是一人努力，则什么难关也挡不住的意思。《吴越春秋》有"一人判死兮，而当百夫"之语。

搬倒大树有柴烧。
大树自然不及小树容易倒，但须努力自然能搬倒。

千日打柴一日烧。
此正奖人诸事努力，不要懈怠之意。

经师不到，武艺不高。

非多学不可也。

万般不是力巴干。

意思是诸事都要预先努力去学。

樱桃、桑葚，货卖当时。

过时就不值钱了，此是提倡及时努力的意思。

难者不会，会者不难。

诸事虽难，但会了就不难了，意思是努力去学，便可以会。

早起三光，晚起三慌。

起早则诸事从容，晚起则诸事慌忙。

一年之计在于春，一日之计在于寅。

梁元帝《纂要》中有此语，但作"一日之计在于晨"。

鸡窝里出凤凰。

此语与"鹤立鸡群"同意，意思是果能努力，虽在鸡窝里，也可以变成凤凰。按《五灯会元》有"鸦巢生凤"之语。

有病早投医。

社会引用此语是有事早办，有难事早努力的意思。

秀才不出门，能知天下事。

因其勤读看的书多，故知道的事多。按此语流行已久，当然是由《孔子》所谓"不出于户，而知天下，不下其堂，而治四方"之语，变化而来，《老子》亦有"不出户，知天下"之语。

一日新鲜，一日蔫。

社会引用此语，有两种意义：一系今天新鲜，不到明天就要蔫，所以须及早努力，一系形容人无常性。

今日不知明日事。

宋李殿丞诗有此语，社会引此多系今天且做今天的事，不必推明天之意。

花有重开日，人无再少时。

亦警告人及早努力之意。

树老半心空。

人老便无用，乃提倡人及早努力的意思。

人无千日好，花无百日红。

此语有两种意义，一系提倡人及早努力，一系诫人对交游需要谨慎，言外是稍一不慎，便易绝交也。按《古今谭概》载《酒令》有此二句，足见风行已久。

月过十五光明少，人到无常万事休。
亦提倡人及早努力之意。

生于忧患，死于安乐。
安乐即努力之反面。

莫走回头路。
现代文学者曰"别开倒车"，意思是只要往前进。

花上露，草上霜。
机会转瞬即过，须要努力，勿使失掉。

人过留名，雁过留声。
人一生总要给社会上留下一点成绩纪念。

虱子不咬忙人。
非是不咬，乃忙中自不觉也，意思是凡事努力向前，一切困难都
不足顾虑也。

不能流芳百世，便当遗臭万年。
晋桓温语，社会引此只系鼓励人努力前进。

坐吃山空海也干。
警人不可懒惰之意。

种地不使粪，必定瞎胡混。
种地不使肥料，与做事不用力，同一毛病。

三十不立子，巴巴结结直到死。

此旧日社会情形，亦劝人凡事早努力之意。

白日莫闲过，青春不再来。

唐林宽《少年行》有此语："白日莫空过，青春不再来。"

养花一年，看花一日。

费一年的工作，才有一日之享用，做事以此衡之，必不至灰心懈怠。
按《天彭牡丹谱》有"弄花一年，看花十日"语。

一向不见，胡子满面。

光阴如此之快，人可不努力乎？

以上是提倡勤。

懒驴上磨屎尿多。

借此讥讽遇事极端偷懒之人，《儿女英雄传》第三十三回有此语。

赖汉子扶不上墙去。[1]

与上句意同。

衣来伸手，饭来张口。

此语原意系说富贵人享用之自在，而社会则引以讥讽懒惰之人。

---

[1]　亦作：烂泥扶不上墙。

看着饭饿死。

有工作便可以谋生活，有懒于工作而一事无成者，便等于看着饭饿死，故社会恒用此语以讥懒惰之人。

做得夏衣水成冰。

此讥讽人之做事懒而缓慢者，事未做完，而已事过境迁矣。

一步赶不上，步步赶不上。

意思是初行时迟一步，则永远赶不上矣，凡事自始便须努力。

天明不起，睡不多时。

乡间人总是天未亮就起床，所以有此语，若城池中或有嗜好之人，往往睡到午后，其不见讥于乡下人者，几希矣！

晴天不肯走，直待雨淋头。

《坚瓠集》载"夏言秉政时，京师有谚曰'夏桂洲不知休，晴天不肯走，直待雨淋头'"等语，则此语风行已久。

得过且过。

陶宗仪《辍耕录》载："寒号虫夏季则鸣曰：'凤凰不如我。'冬季则鸣曰：'得过且过。'"社会恒引用此语以讥苟且偷安之人。

吃不穷，穿不穷，打算不到便受穷。

果能努力工作，自然可以挣得吃穿，故人之穷富，不在吃穿，而在勤惰。

人老珠黄，不值钱。
此即"少壮不努力，老大徒伤悲"之意。

半截入土。
意思是去死不远，人到老来，就如同埋了半截，《东坡志林》有此语。

长江一去无回浪，人老何曾再少年？
与上句意同。

老健、春寒、秋后热。
三件事都是不能长久的，所以须早努力。

临崖勒马收缰晚，船引江心补漏迟。
凡事须及早努力。

光阴似箭催人老。
此亦提倡人及早努力之意。

起了个五更，赶了个晚集。
商贾聚会之所曰"集"，南方曰"圩"。平常镇市总是五日或三日一集，以便居民赶到购买日用物品，于五更之时起床，曰"起五更"，赶集须在午前，然亦无须未明即起。此语乃说起的虽早，到的很晚，盖以讥有时或偶振奋，而无恒心，不能永久努力之人耳。

住了辘轳干了畦。
北方灌园用辘轳打水，辘轳一住，畦必干涸，此亦提倡人须永远

努力之意。

饭店里回葱。

北方俗语，物品买于售主者曰"买"，买于用主者曰"回"，饭店买葱于卖葱者，若吾再由饭店里买回，自然就贵多了，意思是凡事应及早办理。

贼走了关门。

此讥凡事之不预备预防者。

栽倒想《拳经》。

亦讥事不预防之意。

大眼瞪小眼。

此形容懒人之互相观望者。

早起不掀锅，晚饭吃的多。

人若不得吃早饭，则晚饭一定吃的多，做事也是如此，此次懒而少做，则下次便须多做。

火燎眉毛，且顾眼下。

《五灯会元》载："慧曰'火烧眉毛'"云云。盖形容急迫之情形也，而社会引用此语，除形容急迫外，兼有不能远虑之意。

满瓶不动半瓶摇。[1]

瓶中水满，便不见其动，若只半瓶，则见其摇动不定矣。此讥人知识、学问不足之语。

三天打鱼，两天晒网。

如此何能得多鱼？倘做事像这样，则必无成功之事。

临河羡鱼，不如归家织网。[2]

《淮南子·说林训》有此语。

虎头蛇尾。

《五灯会元》有"大小祖师，龙头蛇尾"之语，社会恒引用此语以讥做事有始无终之人。

前功尽弃。

语出《五代史补》，社会恒引此以讥无恒性之人。

有前筋没后筋。

即有始无终之意。

头大尾巴尖。

即"虎头蛇尾"之意。

---

[1]　亦作：一瓶不响，半瓶晃荡。或：一瓶子不满，半瓶子晃荡。

[2]　亦作：临渊羡鱼，不如退而结网。

粗丝难织细绢。

无学问本事，不能办大事。

平日不烧香，临时抱佛脚。

平时懒惰，届时现赶，则来不及矣！《中山诗话》载："王丞相嗜谐谑。一日，论沙门道，因曰：'投老欲依僧。'客对曰：'急则抱佛脚。'王曰：'投老欲依僧'是古诗一句，客曰：'急则抱佛脚'是俗谚全语"云云，则此语流行已久。

临阵磨枪。

意与上句同。

只比死人多口气。

此讥懒惰人之语。

大懒支小懒，一支支个白瞪眼。[1]

自己懒就不能责人勤，此自然之情形。

睡到人间饭熟时。

明代钱宰诗。

家有万贯，不如日进分文。

此可为坐食山空，不知进取者诫。

---

[1] 亦作：大懒使小懒，小懒使门槛，门槛使土地，土地坐到喊。

俭 朴

国俗自古"勤俭"二字并重，《书经》说"克勤于邦，克俭于家"，宋陆游《插秧诗》曰"勤俭教儿童"等等是也。但是，国人能勤者，不过十之三四，能俭者则十之七八，有许多人说"中国人能耐劳"，其实是能耐劳的较少，能受苦的则较多，这是很不好的现象。盖俭固是一种美德，但能勤能俭，方能成家立业，若专靠俭，而不能勤，则保守尚可，若进取则万不能矣，且有许多人俭而失于吝啬，则俭不中礼矣！是则国人急应改革之毛病也。

卖肉的娘子啃骨头。

这固然是一种俭德，但是若能够尽力帮助丈夫做买卖，多赚几文钱，就是偶尔吃点肉，也于俭德无伤。

卖油的娘子水擦头。
谓不肯用油也，意与上句一样。

新三年，旧三年，补补缀缀又三年。[1]
一件衣服可以对付着穿九年，比一年做一身新的，自然就省多了。

---

[1] 亦作：新三年，旧三年，缝缝补补又三年。

秀才人情纸半张。

戏剧中最爱用此句，亦言其俭薄也。

常于有日思无日，莫到无时想有时。

此确是正当之俭省思想，或云"有钱常记无钱日"。

心宽不在屋宽。

意思是勿浮华，提倡俭省。白居易有《小宅》诗："何劳问宽窄，宽窄在心中。"即由此谚语而来。

上山擒虎易，开口告人难。

亦提倡俭省之语。

人怕老来贫。

陈后山《后山谈丛》引谚语曰："田怕秋旱，人怕老贫。"则此语风行已久，社会引此皆警人须预为俭省之意。

口里挪，肚里攒。

人以此为持家之秘诀，其实专靠此绝对不会成大事。

小头小脸。

诸事俭约之人，社会辄以此四字形容之。

教奢容易教俭难。

宋车若水《脚气集》载："何曾日食万钱，乃子何劭便日食二万，谚'云教奢易，教俭难'"云云。则此语风行已久。

东手拿来西手去。

讥不知节俭者。

庄稼佬不存财，吃了饭屎就来。

讥不存财之语，可谓深刻已极。

种花不及种菜，养鸟不如养鸡。

此可与游手好闲养鸟之人，作一当头棒喝。

吃饭穿衣看家道。[1]

此俭之正轨，《五灯会元》云峰悦曾以此语答人问佛，足见由来
已久。

无债一身轻。

此虽与俭无干，但社会引此，多系教人预俭之意。

庄家饭，两盘蛋。

此正是乡间俭朴之风。

积少成多。

董仲舒《对策》："众少成多，积小致巨。"

贫不学俭而俭自来，富不学奢而奢自至。

唐李濬《松窗杂录》已引用此二语，下句乃劝人谨慎之意。

---

[1] 亦作：吃饭穿衣量家当。

经　验

　　人生做事贵有经验，有经验则诸事不易抓瞎，所谓"谙练事情皆学问"是也。青年人往往自恃聪明，鄙视老者，以为他衰弱无能，其实已专恃血气之勇去做事，则没有不失败的，故社会对于此种人恒加警戒。

　　要吃甘蔗老头甜。

　　《晋书》载："顾恺之每食甘蔗，自尾至本，曰'渐入佳境'。"社会借此以比老者胜于青年。

　　要吃姜是老的辣。

　　李焘《长编》载："姜桂之性，到老愈辣。"社会借以比人愈老，知识愈宽，因经验多也。

　　嘴上无毛，办事不牢。

　　毛，须也。

　　事非经过不知难。

　　此自然是有阅历之语。

不经一事，不长一智。

随事可以练习学问，陈无己诗有："经事长一智"之句。

要知山下路，须问过来人。

走过之路自然是有经验的。

老人知事体。

乡间从前求学者少，专以经验为事，故有是语。

不听老人言，大祸在眼前。

此与上句同一意义。

经多见广。

非经多不能见广。

多师是我师。

此杜少陵句也。

久病成医。

由阅历多而然。

病多知药性。

与上句意同。

难者不会，会者不难。

何以能会，必是曾经练习也。

一被毒蛇咬，十年畏井绳。

此虽是有戒心之意，然亦有经验之谈。

戏法人人会变，各有巧妙不同。

经的多，法子就多。

小马乍行嫌路窄。

无经验之意，《儿女英雄传》第三十三回有此语。

初生之犊不畏虎。

没经过，故不知事之难。

不知天早日晚。

意思是不知言语高低，不辨是非，《老学庵笔记》引有此语，作"不知天晓时日晏"。

少不更事。

晋桓冲曰："遣诸不更事少年拒之。"

少见多怪。

牟子云："少所见，多所怪。"见橐驼谓"马肿背"，乡间亦有时照原词说，但少数耳。

瓶儿罐儿，也有个耳朵。

此讥见闻太少者之语。

前船已覆后船惊。

说部中此语多书"前船已覆后船警"，"警"字似优于"惊"字，然社会多云"惊"。

养子方知父母恩。

因自己爱子之心，方可推知父母爱己之恩。

吃饭才知牛耕苦。

意义与上句同。

没吃过猪肉，没见过猪走么？

意思是虽没有学过，也稍有经验，《红楼梦》第十二回有此语。

前车已覆，后车必戒。

越大夫文种语，见《吴越春秋》。

到老方知妒妇功。

《五杂俎》引有此语，想风行已久。

三世仕宦，方解穿衣吃饭。

曹氏令曰："三世长者知被服，五世长者知饮食。"见《野客丛书》。《老学庵笔记》亦有此谚。

不在被中眠，安知被无边。

卢仝诗曰："不予衾之眠，信予衾之穿。"

朝 气

做事贵有经验，岁数愈长，经验愈多，此至理也。然老而颓唐腐败，则无用矣！所以贵有朝气。

旧的不去，新的不来。
此亦是先破坏，然后才能建设的意思。

万般须让少年为。
此刘春池句也，见《随园诗话》。必无成见容易编习也。

教子婴孩，教妻初来。
语出《颜氏家训》，宋朝程夫子已引用之。

开口乳要吃的好。
《随园诗话》，曾引用此语。

老要张狂少要稳。
张狂固非美辞，然老能张狂，便无暮气。

人逢喜事精神爽。
语出《五灯会元》，此自系一种朝气。

狗老扒龟。
人老则有暮气。

立 志

《礼记》曰："廉以立志。"《元史·金履祥传》曰："为学之方，首先立志。"《礼记》孔子曰："大道之行也，与三代之英，丘未之逮也，而有志焉。"盖人生做事，须先要立志，有志虽然不可必成，但总有成者，无志则决不能成事矣！西洋各种发明皆因有志才能得来，现在社会中对于有志之士，无不恭维提倡之也。

有志者事竟成。
光武对耿弇语，见《后汉书》。

人定胜天。
《归潜志》引传云："天定能胜人，人定亦能胜天。"大致人果然拿定主意努力去做，总有成功之一日。

有志不在年高。
此乃奖励人立志之意，李商隐赠以沙弥诗有"不在年高在性灵"之语。

燕雀安知鸿鹄之志。
语出《史记·陈涉世家》。

好儿不吃分食饭，好女不穿嫁妆衣。

父母遗产，为子者自然可以分得，女儿出嫁，父母自然应酌量给做嫁妆。但有败类子弟，认为父母之产乃自己应得之财，父母不死便要分家，甚至发产之后，使父母不得吃饱，女子出嫁之时，为嫁衣之多少与父母急吵闹气，此皆恒见之事，故社会有此二语，以奖励世之不急产业、嫁衣之人。

爹有娘有，不如己有。

劝人立志之意。

马勺上的苍蝇混饭吃。

此讥世之无大志，只志在温饱者。

人贫志短，马瘦毛长。

《五灯会元》法演有此语，《鸡肋编》载陈师道诗，亦有此语，则风行已久矣。

藤萝绕树生，树倒藤萝死。

人贵自己立志，不可依傍人。

积财千万，不如薄艺随身。

见《颜氏家训》。

远　志

　　人生贵有远图、远谋、远虑，《后汉书·贾复传》赞所谓"奇锋震敌，远图谋国"，《左传》所谓"肉食者鄙，未能远谋"，《论语》所谓"人无远虑，必有近忧"等等皆是。盖有远虑，诸事方能预防也。故现在社会对此仍极重视，反之其无远志而目光太近，诸事不能防患于未然者，则无不误事，故社会皆讥讽之矣。

人无远虑，必有近忧。
语出《论语》，至今乡老人人口中皆有此语，足见流传之广。

前人种树，后人乘凉。
我以前之人既然种树，使我乘凉，则我也应种树使后人乘凉。

今年种竹，来年吃笋。
此亦提倡人有远志之意。

狡兔三窟。
语出《战国策》。

兔子不吃窝边草。
也要远走岁步。

人无千日计，老至一场空。
年老不能再工作。

虎老雄心在，年迈力刚强。
戏曲中最爱引用此语。

年怕中秋，月怕半。
到此时，则去终了不远矣！故诸事皆须早为打算。

路遥知马力，日久见人心。
不可看一时。

上炕认得媳妇，下炕认得鞋。
意思是除这两件事情之外，一概不知，讥讽无志之人，令人失笑。

锅台上跑马。
此讥人眼界之窄。

摸了锅台摸炕沿。
连门都不肯出，无论走万里路矣。

不到河边不脱鞋。
事前毫无打算。

渴了才挖井。
语出《晏子春秋》，朱柏庐亦有"勿临渴而掘井"之语。

坐井观天。
语出韩退之《原道》篇。

客来扫地。
足见事前毫无预备。

生米煮成熟饭。
事前不预为筹划，事过境迁，虽后悔亦来不及矣。

装　饰

　　人类最初穿衣服是为外观，不是为的寒暖，后来虽然为寒暖之成分较多，但美观一层仍占重要性质，这还说的是男子；若女子，则大多数专为美观矣！从前之缠足且不必说，就是西洋文明国之细腰、高跟鞋，也就可想而知了。所以社会中讥笑这种情形的话也很多。

　　楚王好细腰，宫人多饥死。[1]
　　语见《后汉书》。

　　若要俏，冻的学鬼叫。
　　若想婀娜，必须身细，倘穿的太厚则臃肿矣，故须少穿，难免受冻，此古今中外一理。

　　要得俏，一身皂。
　　鲜艳颜色之衣服固然美观，但人须有相当的美貌，方能相得益彰，否则益形其丑；若深色衣服，则美者穿之固美，而丑者穿之也可稍补救其丑，故有是语。

---

　　[1]　亦作：楚王好细腰，宫中多饿死。

人凭衣裳，马凭鞍。[1]

意思是不装饰，不能美观也。

人是孤桩，全凭衣裳。

北方呼木之短而秃者皆曰"孤桩"，如树将所有枝锯去，所余太短之本，即曰"孤桩"。或大枝将上半截锯去，只余短杈者，亦曰"孤桩"，大致是孤桩者，无姿势之谓也。

---

[1] 亦作：人靠衣裳马靠鞍。

卫　生

卫生一科，吾国虽不及西洋之精详，但自古也颇讲求，故社会亦恒有这种言语。

顿饭少吃口，活到九十九。
此古乐府句也，见《七修类稿》。国人饮食大多数都失之于过量，实在有碍卫生，故社会恒引此语以警戒之，有益于人群者甚大。

食不语，寝不言。
小儿吃饭时，往往说话太多，故有此语。

早茶、晚酒、黎明觉，不及饭后一袋烟。
此四种，好者皆以为系极愉快之事。

饥来吃饭，倦来眠。
果能如此，也就深合卫生之法。

商　业

有许多谚语是关于商家的，也有至理在里头。

百里不贩粗，千里不贩细。
《史记》引谚语曰："百里不贩樵，千里不贩籴。"从前交通有
种种的不方便，故有是语。

不怕不识货，就怕货比货。
有许多东西，好坏看不出来，却比较得出来。

一分钱一分货，十分价钱不算多。
货物好坏不同，价钱自然不能同。

货高价出头。
好货自然要贵。

人情送匹马，买卖争毫厘。
买卖出入必须认真，盖送马虽钱多而只一次，乃为有限之花费，
倘买卖一松手，则损失无界限矣。曹植诗："巢许蔑四海，商贾争一钱。"
与此意有相同之点。

会买的不及会卖的。[1]

卖的对于货物来源之多少，价值之大小，成色之高低，都比买的知道得清楚，故有是语。

货物随行市。

行市者，大行中之价也。

褒贬是买主。

既然褒贬，自然有意购买，否则不干己事，谁也不肯白费心，所以卖者遇褒贬之人并不烦恼。按《淮南子·说林训》："有訾我货者，欲与我市"之语，当为此语之来源。

漫天要价，就地还钱。

意思是要价不妨大，给价不妨小，此却非商业之正当行为。

货到街头死。[2]

小贩运货到街头，卖不出，还须运回，徒劳往返，所以有此语。

不赊不欠不算店。

赊欠为商业之常情，但亦须法律足以保护之。

人弃我取，人取我与。

社会恒引此以赞世之善为商者。

---

[1]　亦作：买的不如卖的精。

[2]　亦作：货到地头死，人到市中活。

人无笑脸莫开店。

此与“买卖和气赚人钱”同一意义。

鱼目混珠。

商界恒用此语，乃做伪之意，言似珠而非珠也。李白诗：“蝘蜓嘲龙，鱼目混珠。”

货高招远客。

此商业之常情。

嫖　赌

嫖、赌两件事情，世界公认为是很坏的嗜好，故社会皆讥讽之。

久赌无胜家。
赌局抽佣钱最为厉害，北方曰"头钱"。赌久所有之钱，都得跑到佣钱里头去。

久病成医，久嫖成龟。
上句是病多知药性的意思，下句是因嫖久，对于娼门中情形自然熟悉，俟将自己钱嫖完，必要在其中觅一小事糊口。

钱到赌场，人到法场。
都算完事。

色是杀人花剑。
以剑而曰"花"，使人虽被杀而不怕。

万恶淫为首。
语出《感应篇》。

我淫人妇，妇淫人。
同上。

宁在花下死，做鬼也风流。

此则至死不悟者矣。

家菜不如野菜香。[1]

家中虽有美妻，好嫖之人仍是去嫖，性使然也。其实家菜总比野菜好吃，故社会以此形容之。

吃喝嫖赌抽，崩撇拐骗偷。

上五字只有害于本人，而无害于他人，但结果必落到下五字，则有害于社会矣。

---

[1] 亦作：家花不如野花香。

官　场

社会中流行的谚语，无论对于那一界，只若是好人，总有恭维提倡的话，唯独对于官场，差不多是有贬无褒。盖因皇帝专制政体的关系，故历代各种的政治总是黑暗的时候多，光明的时候少，所以国民皆不能满意也。然政界诸君果能借此自规自励，则于国于民皆有极大之益处。

大堂上不种高粱，不种谷。

从前贪官污吏，恒用此语以自解，其实官员有俸禄养廉，吏役有薪水工资，何得借词大堂上无出产，便非要钱不可呢？故社会亦恒用此语以讥之。

纱帽底下没穷人。

极言做了官就可以挣钱。

衙门口儿朝南开，有理无钱莫进来。

或云"有理无情莫进来"，有情者似乎可以，无钱亦算差强人意也。可叹！

衙门口儿朝南开，有理无理拿钱来。

不管有理无理，皆须要钱，则较前一句又进一层矣。

只许官员放火，不许百姓点灯。

此可谓讥讽已极，语意来源于宋朝田登事。

失物又经官。

失物、报盗便成两次损失，可谓慨叹言之矣。

毛坑官儿，狗皂隶。

极形容其贪赃污秽之至。

官久自富。

此种讥讽尚算稍觉轻缓。

阎王好见，小鬼难缠。

此语似于阎王稍有恕意，但容许小鬼之难缠者，当然就是阎王，是各衙门之劣迹，不能尽推在隶役身上也。

清官难逃猾吏手。

此为对官员仅有之褒词。

宰相家人七品官。

从前宰相门官固有品职，但社会说这句话乃与"阎王好做，小鬼难缠"同一意义。

朝中有人好做官。

元人归隐词也，或云"朝中无人莫做官"。

公门里好修行。

意思是公门之中尽系作恶，稍不作恶，便是行善。

进了衙门，难进庙门。

此语乃进了衙门，虽想行善，亦不可得，较前句之意又进一层矣。

执法犯法。

此当然讥官吏之语，或云"知法犯法"。按此语出《南史·武陵王萧纪传》，帝曰："知法不犯，是其慎也。"

官不打送礼的。

此形容地方官好打人之词。

杀人的知州，灭门的知县。

敖英《东谷赘言》引有此谚语，则风行已久。此语形容其恶劣可谓到家。

假公济私。

这是官吏的惯技。

官官相护。

亦是自然之理。

穷官强如富百姓。

此非羡慕之语。

一字入公门，九牛拉不出。

《普灯录》黄龙慧南恒举此二语，则风行已久。既云"衙门口儿朝南开，有理无理拿钱来"，则想诉讼者自然有戒心矣。后人又有诗曰："一字不可入公门，一入公门家便倾。"

官清民自安。

此是反面着笔。

宁堵城门，不堵水口。

乡间人遇事负气，经人调处不成，非打官司不可者，社会恒以此语讥之。盖在家中能了，则无须花费银钱，一经成讼，便须许多费用，意思是用钱堵院中水口，自然所需甚少，若用以堵城门，则多用不止几十倍矣。

望山跑死马，指赈饿死人。

平地望山，以为已近，其实尚远，官家每遇放赈，喧嚷的很早，但款到灾区，则不但迟之又迟，且为数已无几矣，故社会恒以此语。

贵人多忘事。

阔人往往因事不愿做而佯为忘记者，故有此语。

贼咬一口，入骨三分。

乡间安分守己之人，偶尔被贼盗在衙门中攀拉一句，就会破产，且往往有官吏衙役暗嘱贼盗攀拉财主，以便勒索之时，故社会有此语。

吃着官盐，放私骆驼。

凡官绅借公事营私舞弊者，社会乃以此语讥之。

瞒上不瞒下。

语见《宣政杂录》，盖讥蔡京等之意也。如今官场弊政几皆是如此，故此语亦最流行。

钱可通神。

语见《幽闲鼓吹》，乃张延赏事。社会恒用以讥官场之贪赃枉法者。

林下何曾见一人。

此僧灵澈诗也，上句为"相逢尽道休官好"。

不怕官只怕管。

此亦讥妄做威福之官员，或云"现官不及现管"。

熟皂隶打了重板子。

皂隶虽熟，也得给钱，否则无情。

遗传性

社会中虽然没有"遗传性"这个专门名词，但是有这种思想。

龙生龙，凤生凤，老鼠的儿子会盗洞。[1]

意思是什么样的父亲，生什么样的儿子。按《普灯录》巳庵深曰："龙生龙，凤生凤，老鼠养儿沿屋栋。"语当本此。

忤逆还生忤逆儿。

此则质言之矣。

其父杀人报仇，其子必且行劫。

语见苏轼《荀卿论》，社会引此有时亦含自己做事须斟酌之意。

养儿随叔，养女随姑。

此自然也有血统的关系。

父是英雄，儿好汉。

此不但遗传，且有教育的关系，乃鼓励人向上之意，自己有本领，有学问，则子孙乃克承家。

---

[1] 亦作：龙生龙，凤生凤，老鼠的儿子会打洞。

有其父，必有其子。

《孔丛子·居卫》篇子思曰："有此父，斯有此子，道之常也。"

上梁不正下梁歪。

或云"大梁不正二梁歪"，此主要有两种意思：一系自己不学好，儿子也不会学好；一系自己对晚辈不好，则晚辈对自己也不会好，乃身不行，道不行于妻子的意思。

讨妻看舅。

舅与妻同受其父之遗传，则性情面貌总有相同之点，从前媒妁时代之婚姻，未结婚之前，男女不能相见，则无从知其丑妍，不得已则看妻之弟兄，以冀得其仿佛。法固很妙，然而黑暗情形可想而知矣。

外甥多似舅。

《晋书·何无忌传》有此语，宋人亦有此谚，按此为母之遗传性。

强将手下无弱兵。

唐李袭吉曰："霸国无贫主，强将无弱兵。"《栗斋诗话》谓"系俚语"，则风行已久。宋人《豹隐纪谈》中亦有此语。

一龙生九种，种种各别。

龙生九种，已见许多种笔记，社会恒引此以形容性情不同之人。《红楼梦》第九回有此语。

将门有将。

晋刘裕谓参佐曰："吾闻将门有将，镇恶信然。"

忠孝节义

吾国教育自古以忠孝二字为重，但古人的讲法与后来大不相同。从前讲"君君、臣臣、父父、子子""君不君、臣不臣、父不父、子不子""民为贵、社稷次之、君为轻"。后来自从有了"臣罪当诛""天子圣明"，及"天下无不是的父母"这些学说，把人就给害苦了。对于一个奸淫妇女、残害忠良、暴虐百姓、荼毒生灵、殊非人类的皇帝也要尽死、尽忠，这个情形不但糊涂，且是笑话，幸而以后没有专制的皇帝，这种情形也就不容易再见了。至三纲一层，也非圣人之言，后儒讲夫妇之道，其过火之处与君臣之道同，故流弊极大。现在有些地方已经改良了。

大将难免阵前亡。
只为是捍卫国民，便是极可钦敬的死法。

忠臣不事二君，烈女不配二夫。
此系《齐书》邑隐士王烛语，但看君与夫是怎样的人，或云："忠臣不事二君王，烈女不嫁二夫郎。"

养儿防老，积谷防饥。
《百川学海》："詹惠明乞代父偿命，临刑无惧色，曰：'养儿

防老，积谷防饥。’太守奏之乃免死。”

忠臣不怕死，怕死不忠臣。
此种话头都是君主时代之意味，现在则无须如此措辞矣！

在家敬父母，何必远烧香？
这却正当。

天下无不是的父母。
在学说上，这句话虽然有毛病，为下乘人说法，自无不可。语出《小学》“罗仲素论瞽叟底豫”事。

养子方知父母恩。
《传灯录》有此语，社会引此，皆提倡人孝思。

羊马比君子。
儿马不与母交，羊食乳必跪，故社会有此语。

一马不鞴双鞍，一女不配二男。
此《元史·烈女传》孟志刚妻衣氏语。

妻贤夫祸少。
这却极正当。

家有贤妻，丈夫不遭横事。
与上句意同，横事，逆事也。

妻贤何愁家不富，子孝何须父向前。
一切工作及为难之事，皆应人子当之。

父债子还。
既承父业，便应还父债。

学成文武艺，贷与帝王家。
专制时代自然是这种思想。

痴心女子，负心汉。
这却可怜已极，旧礼教中往往有此情形。

柴米夫妻。
夫妻共同受苦，令人钦敬。

仰面妇人低头汉。
此与夫为妻纲一语整翻了个过，也不对，盖讥讽夫纲不震人之意也。

刁妻佞子，无法可治。
学说虽然讲三纲，可是往往办不到，但是刁妻佞子一类人，社会亦甚讥笑之。

婆婆嘴碎，媳妇耳歪。
这是两方面都不对的意思。

尽职负责

凡做事能尽职负责，不但无事不可成功，且为人生之美德，故社会极为推崇，反之则终身一事无成矣。

好汉护三村，好狗护三邻。
果能如此负责，国家焉得不和平？

当一日和尚，撞一日钟。
亦算尽职。

到什么时候说什么话，当一日和尚撞一日钟。
果能如此，便不会荒废事业。

为人莫当家，当家乱如麻。
既知乱如麻，自应负责清理。

吃不了的兜着走。
此系办未完了的事情，仍然得自己负责的意思。言外是将事办坏了，自己也不能躲开。

一人做罪一人当。
不得贻害他人，亦系负责之意。

好汉做事好汉当。

与上句意同。

齐家治国平天下，自有周公孔圣人。

这两句话本意是不肯越俎的意思，从前梁卓如在日本所办《新民丛报》中列此二句，于亡国之音里头，盖讥其不肯负责也，余故列于此。

天坍自有长人顶。

固然是先压长人，但是矮的也跑不了。冯汝弼《祐山杂说》有此语，作"天坍自有长茶子"，盖吴谚。

推倒油瓶手不扶。

不负责到极点，《红楼梦》第十六回有此语。

不干己事不开口，一问摇头三不知。

此亦讥不负责之语，《红楼梦》第五十五回有此语。

隔河观火。

世间最轻松的事情莫过于旁观。

坐山看虎斗。

不但旁观，将来两败俱伤，自己还可以得便宜，《红楼梦》第十六回有此语。

云端里看打仗。

与"隔河观火"意同。

妄想妄为

社会虽然极力提倡实事求是，但仍有许多人妄想妄为，以期侥幸有意外之获，结果多系枉费心力，徒劳无功，故社会对此类人恒讥为笨伯。

锯倒树得老鸦。
枉费力而不易得到。

命里无时莫强求。
社会用此语，并非迷信性质，不过不必妄为耳。

金棺须向土中埋。
国人尚葬，故有此语。

将在谋不在勇。
只靠勇则难免妄为矣。

骑着母猪跑报。
从前进秀才，中举，中进士等，皆有人报喜，为得赏钱也。头报得赏独多，故业此者，尽系捷足腿快之人，或骑马奔驰，尤为快速，

大致总以先到为要；若骑着猪跑报已经太慢，母猪尤慢，非不可到，但决不能争先，俟自己到后，已过若干日，当然一文钱不能得，所谓徒劳无功者是也。

关上门捉跳蚤。

自以为万跑不了，但是决不容易逮住。

背着篙儿赶船。

很冤枉的工作。

没枣打一竿子。[1]

世人以为此语为机警之义，以比烧冷龟，意思是倘乎打一竿子，落下一个枣来，岂非意外之得？就好比我，现虽无求于此人，而亦未尝不可酬应，遇有求于彼时，便易收效果，其实这还是不真知道没有枣的意思。若真知其没枣，则此一竿子，不但枉费力，且落下一树枝来，还许砸一下子。

隔靴搔痒。

语出《续传灯录》。亦可谓"事倍功半"。

活人想死人，傻狗赶飞禽。

此则急切言之矣。

---

[1] 亦作：有枣没枣打三竿。

狼叼了来喂狗。

社会恒以此讥官员贪赃以奉上司者，然亦确系枉为。

海底捞针。

很难捞到。

画蛇添足。

语出《战国策》。

费力不讨好。

此则质言之矣。

肉头脑袋光。

此乃讥无学问本领，而好妄为之人之语。

剜肉补疮。

此语当然由聂夷中"医得眼前疮，剜却心头肉"两句而来，原意本是救急，社会引用的意思多半是用好的帮助坏的，结果坏的不一定好了，而好的却许坏了。

鸡也飞了，蛋也打了。[1]

意思是人也得罪了，事也没办成，亦讥人之枉费心思者。

---

[1] 亦作：鸡飞蛋打。

赔了夫人又折兵。

此《三国演义》中语，社会恒此以讥做事两层失败者，意思与上句相似。

拉着瞎子问道。

韩退之文有"借听于聋，求道于盲"之语，或即此语之来源。

鸡蛋里寻骨头。[1]

一定是白费事觅不得。

治聋治哑了。[2]

此即非徒无益而又害之之意。

打了头场没头场。

各种禾稼上场，用碌碡碾过，秸秆与粒实方能分离，此名曰"打场"。稻子则用连枷，有时禾稼湿潮，粒实不容易离本，则还可以打第二场。有人妄想第二场或仍可打得很多，故社会有此语，意思是在结果应好时而不好，则下次不易有望矣。亦有"人过少年无少年"之意。

头醋不酽，二醋薄。

意思与上句同。

---

[1] 亦作：鸡蛋里面挑骨头。

[2] 亦作：聋子治成了哑巴。

为谁辛苦为谁忙。

此苏东坡句，原诗为："远公沽酒饮陶潜，佛印烧猪待子瞻。采得百花成蜜后，不知辛苦为谁甜？"

心比天高，命比纸薄。

韦应物诗有"顽钝如锤命如纸"一句，此亦提倡人不必妄想妄为之意。

儿孙自有儿孙福，不为儿孙做马牛。

此徐守信诗也，见《随园诗话》。《癸辛杂识》则云，系叶李《纪梦》诗。国人习惯不管子之贤否，总想遗金满籝，以供其挥霍，结果财产尽、人亡者多矣。故社会有此语，接宋罗大经《鹤林玉露》亦载僧晦庵词云"枉费心神空计较，儿孙自有儿孙福"云云，当时人以为此词，乃朱文公所作，故颇流行。

议论多而成功少。

元人《进宋策》有"声容盛而武备衰，议论多而成功少"之语。社会引此，有讥人妄言之意。

担雪填井。

此亦讥枉费工作之意。顾况《行路难》有"君不见担雪塞井空用力，炊沙做饭岂堪食"之语。

雨过送蓑衣。

枉费心。

聋子炮仗。[1]

自然是无谓的事情。

杀人净落一手血。

做事有损于人，而无益于己者，社会以此语讥之。

狗咬尿脬空喜欢。[2]

此亦系讥妄求者之语，言外是未咬之前，须研究研究它是不是一个尿脬。

落花有意随流水，流水无情恋落花。[3]

既对方不同意，便不必恋之，各种事情皆系如此。

剃头的担子一头热。[4]

共事之人，既不同情，便无须枉费心力。

纵有千年铁门槛，终须一个土馒头。

此范成大《营寿藏诗》。《红楼梦》发挥此二语颇详，然亦不过

---

[1] 亦作：聋子放炮仗。
[2] 亦作：狗咬尿泡空欢喜。
[3] 亦作：落花有意，流水无情。
[4] 亦作：剃头的挑子一头热。

无须妄做之意。

饿了吃糠甜如蜜，不饿吃蜜也不甜。

无论何事该做了再做，自然事半功倍。

一旦无常万事休。

此亦系无须妄做之意，非提倡人不做事也。

得开怀处且开怀。

不必妄寻苦恼之意。

隔山买黧毛。

讥不实事求是之意。

见佛不拜见鬼拜。

此语字面虽系佛鬼意思，是见君子不亲而亲小人，亦有做事不审
察之意。

对牛弹琴。

语出《禅录》，见《野客丛书》。

蚍蜉撼大树。

此韩文公语。

抱薪救火。

语出《战国策》曰："抱薪救火，薪不尽，火不止。"

实事求是

从前的教育是对于事情要脚踏实地去做，对于学问要脚踏实地去研究，这叫作实事求是。社会中年高有德之人，对于青年子弟也都是这样的勉励，所以关于这些意思的言语也很多。班固赋曰"元元本本，殚见洽闻"，果能事事如此，方不至于盲从。然国人千余年以来，盲从之事太多，真韩退之所谓"不求其端，不讯其末，惟怪之欲闻者"。国民思想不易进步，其弊即在此，国势日见衰弱，其弊亦在此，言之令人心悸，然社会中亦有许多反对盲从的言语，此亦足见古人教育，在社会间尚未完全消灭也。

巧媳妇做不出没米的饭来。[1]

陈亮《答朱元晦书》，有"巧新妇做不得无麦馎饦"一语。庄季裕《鸡肋编》云"谚有'巧媳妇做不得没麦馎饦'"云云，则此谚风行已久。

有肉的包子不在褶多。[2]

北方蒸包子，以褶多为美观，但馅好方能适口，意思是人所贵者，

---

[1] 亦作：巧妇难为无米之炊。

[2] 亦作：包子有肉不在褶上。

为有学问道德，不在衣服之华美也。

没有金刚钻，不敢揽瓷器。[1]

锯碗工匠钻陶器之钻，用钢铁打成即妥，钻瓷器之钻，则尖上非嵌钻石不可，所以云。然社会恒借此语以警戒妄做妄为之人。

开天窗说亮话。[2]

诸事光明磊落。

脚踏实地。

邵伯温《闻见录》康节对司马温公语。

拿贼要赃，捉奸要双。

此语字面虽是奸盗，而社会则往往用以提倡实事求是。

前头有车，后头有辙。[3]

不妄走一步。

不见兔子不撒鹰。

《五灯会元》妙湛曰"布大教网，漉人天鱼，不如见兔放鹰"，语当本此。

---

[1] 亦作：没有金刚钻，不揽瓷器活。

[2] 亦作：打开天窗说亮话。

[3] 亦作：前有车，后有辙。

履着脚印迹。

不妄做，《论语》所谓践迹。

种豆得豆，种瓜得瓜。

《涅槃经》有"种瓜得瓜，种李得李"一语，《吕氏春秋》有"种麦得麦"一语，谓有此因，必有此果也。社会恒用以警告做事者，谓须实事求是也。

心病还将心药医。

元人传奇中最喜用此语，明孝宗有诗曰"自身有病自心知，身病还将心自医"云云。

解铃还得系铃人。[1]

语出《指月录》，社会引此多含凡事须从根本处着想之意。

按着葫芦抠子儿。

如此则不怕找不到，不怕遗落，乃实事求是之意。

数了和尚做馒头。

诸事不枉费。

一个馒头一个僧。

诸事讲求实在，与上句意同。

---

[1] 亦作：解铃还须系铃人。

刨树要搜根。

树不刨根不能倒，犹事情不知根不能明白。

盐打那么咸，醋打那么酸。[1]

这虽然是极浅近的两句话，但这是化学的作用，是很不容易知道的，社会引用此语也就是提倡遇事详慎研究的意思。《儿女英雄传》第二十六回有此语。

斩草要除根。

乃做事彻底之意，按魏收文有"抽薪止沸，斩草除根"之语。

打破砂锅璺到底。

璺与问双声叠韵，凡事须要问其底蕴。

手掌也要看，手背也要看。

凡事反正面都要顾到。

千闻不如一见。

《汉书·赵充国传》作"百闻不如一见"，《陈书·萧摩诃传》，作"千闻不如一见"，亲眼看见方知其详。

闻名不如见面。

《北史·列女传》房景伯之母曾引此语，足见风行已久。

---

[1]　亦作：盐打哪咸，醋打哪酸。

耳闻不如眼见。

刘宋时李顺语，见《魏书·崔浩传》，《说苑》亦有此语。

眼见是实，耳闻是虚。[1]

不可轻信人言。

走马看花红。

此当然由"走马观花"一语演来，亦讥遇事不肯深刻研索之语，跑着马看花，当然看不清楚。

跳过鱼盘吃豆腐。

此讥人遇事不研究者，故不知好坏也。

隔着麻饼偷叶子。

与上句意同，在此指牛而言。

有眼不识泰山。

讥人不用心，遇事大意。

情人眼里出西施。

《复斋漫录》云"情人眼里出西施，谚语也"云云，则此语风行已久。

---

[1] 亦作：耳听为虚，眼见为实。

草袋不如麻袋好。

麻袋自然比草袋结实。

眼不见为净。

《五灯会元》有此语，社会恒引此，以讥不实事求是之人，意思是未见其污，便以为干净也。

命运神话

《论语》曰："不知命，无以为君子也。"又曰："五十而知天命。"《礼记》曰："君子居易，以俟命"等。这些话都不是迷信的意思，后人误解，又吸收了若干佛经的学说，便把这个"命"字，夹杂了许多迷信的性质在里边。至于神话则完全迷信矣，按此二事，似不应合于一处，但谚语中有许多分不开者，故合并列之。

天有不测风云，人有旦夕祸福。

戏剧中所爱用此二句，意思是祸福不能预知，只有随时小心谨慎耳。

一饮一啄，莫非前定。

语意似由《庄子》"泽雉十步一啄，百步一饮"一语变化而来，意思是不必妄求。

嫁鸡随鸡，嫁狗随狗。

陈造诗："兰摧蕙枯昆玉碎，不如人家嫁狗随狗鸡随。"宋庄季裕《鸡肋编》亦有是语。

不怨天不尤人。

语出《论语》。

万般皆有命，半点不由人。

此亦提倡不妄求之意。

一生都有命安排。

意思与上句同。

心好不用吃斋，命好不用学乖。

此语永远连说，但意思则大相反，上句自是确论，下句则迷信矣。

有福之人不用忙。

不用忙者，不必急急求之也。

黄泉路上无老少。

意思虽近迷信，但无人能够反对，因医学果好，自可延寿，但若得不治之症，也就无法可医。

千里姻缘一线牵。

此当然来源于《续幽怪录》月下老人系赤绳一事。

运退雷轰荐福神。

此却是完全迷信之语。

一财二命三风水，四积阴功五读书。

从前科举之得失，毫无一定规，故有是语。

世乱奴欺主，时衰鬼弄人。

此唐朝杜荀鹤诗也，下二句为"海枯终见底，人死不知心"。按从前专制时代，阶级之见太重，主人难免有虐待下人之处，平常不敢反抗，时事一乱，专制之法律无效，则下人往往有欺侮主人之举，故有此上句，至于下句皆由自己迷信无定见所招。

有福之人人服侍。

此语亦失之于迷信，果能自己尽力求学要强，自然可以得到人之服侍。

福至心灵。

此为古代之谚语，《通俗编》已引有此，曰："《史照通鉴疏引谚》曰'福至心灵，祸来神昧'"云云。其实愚以为与其如此说，不及说"心灵福至"为妙。

福无双至，祸不单行。

《说苑》载："此所谓'福不重至，祸必重来者'也"云云，语或由此变化而来。

好人不长寿，祸害一千年。

此语的原意并非好人真短寿，坏人真长寿之谓，乃是好人虽长寿，

旁人也觉得他太短，坏人虽短寿，旁人也觉他太长。

善恶到头终有报，只急来早与来迟。
《坚瓠集》载："严嵩秉政时，京师有谚语曰'严介溪不知机，善恶到头终有报，只争来早与来迟'"等语，则此语早已风行。

救人一命，胜造七级浮屠。
此却系至理。

命里有时自是有。
此却是迷信语，不有工作焉能得来？

万事不由人计较。
此亦戒人妄求之意。

恶人自有恶人磨。
恶人得罪人一定多，得罪着好人，或者不理他，得罪着恶人，自然和他较量。

好心有好报。
奖励为善之意。

举头三尺有神明。
徐铉曾有此语，见《南唐书》。

亏心折尽平生福，行短天教一世贫。

此皆事前警戒之语。

勿以善小而不为。

此刘先主语。

好心感动天和地。

感动多数人，即是感动天地。

慈悲胜念千声佛，作恶空烧万炷香。

此确系至理。

慈悲生祸害。

此语字面似乎没什么道理，其实确有至理，因慈悲虽系好事，但应慈悲的时候，方可慈悲，如对于恶人，不肯惩戒，则有害于好人矣。

暗室亏心，神目如电，人间私语，天闻若雷。

以道德论，虽无神目天闻，也不应该有亏心私事，但此对下乘人说法耳。

莫谓无神却有神。

此确为迷信语。

是个庙就有神。

此语字面虽是迷信，但社会引用此则多半是物皆有主的意思。

离地三尺有神灵。

此乃徐铭语，见王林《野客丛书》。

阴阳不可信，信了一肚闷。

在迷信时代有这种谚语，总算难得。

阴阳怕懵懂。

既怕懵懂则遇明白人更怕无疑。

一无忌，百无忌，放他妈的狗臭屁。

此为下等社会中极通达之语。

天堂有路尔不去，地狱无门自来投。

字面虽是迷信话，但社会引用此时，则皆系恨人不能为善之意。

喜鹊叫，媒人到。

古人最初习见之物，其名多象形字，其余多形声、会意字，专以飞禽论，象形字如鸟、乌、燕等也；形声字如鸡、鸭、鹅等字是也，乌即喜鹊，后来乌假借为履，本义遂不用，而专名喜鹊矣，盖因乌、喜二字双声又叠韵也。又以喜字之字面为喜庆之喜，遂又讹该鸟为报喜之鸟，故有是语。其实鹊之叫否与媒人无干也。

阎王注定三更死，谁敢留人到五更。

这确系极迷信的话，《红楼梦》第十六回有此语。

阴地不如心地好。

阴地，坟地也，此确系至理。

天道无亲，常佑善人。

语出《史记·伯夷列传》，但作"常与善人"。

天无绝人之路。

见元曲《货郎旦》剧，亦系旧有之语。

天不夺人愿。

晋乐府《子夜歌》，"天不夺人愿，故使侬见郎"。

是儿不死，是财不散。

国人遇有伤人损财之事，辄以此语自宽。

吉人天相。

语意出《左传》。

天网恢恢，疏而不漏。

语出《道德经》。

穷拔门，富拔坟。

或云"富改房子穷改门"，皆系迷信无知之举。

心到神知。

此语表面虽系神话，但社会引用此则多含果能尽心，必有相当效果之性质。

心好家门生贵子，命好何须靠祖田。

此语一云心好，一云命好，性质不同，故列于此。

莫道眼前无报应，须知折在子孙边。

警戒人之不做好事者。

人凶非宅凶。

《清波杂志》载："'人凶非宅凶'，古有是语"，则此语风行已久。

死人身边有活鬼。

宋人《豹隐纪谈》中已有此语。

鹊噪未为吉，鸦鸣岂是凶，人间吉凶事，不在鸟声中。

朱晦庵诗。

社会情形

以前所有的句子，本来都可以说是社会的情形，但有许多语意相似，便归纳到一处，以便容易检查，此则皆是零星不易归纳之语。

一方水土，养一方人。
意思是各地有各地人民谋生之路，此是自然之理，倘不能谋生，彼处便无人矣。

中间无人事不成。
谓无论何种交涉，倘有人居其间，则容易转圜也。

立木顶千金。
此则有关工程学矣。

近怕鬼，远怕水。
本村本处，何处死过人，大家知道的清楚，便疑该处有鬼，所以怕他。远地死人之处，一概不知，便不疑何处有鬼，所以不怕，足见怕之一事，皆由心生也。至近处之水深浅情形，知之最悉，所以不怕，远处之水某处深某处浅，一概不知，所以须格外小心。

小孩说实话。

大致说谎话都是学来的。

一人不当二役。

从前地方官衙门征派民间夫役，因手续不清，有时一人派两件事情，故有此语，传留到今，社会引用此语，亦有不可多搅事之意。

穷人吃药，富人还钱。

从前乡间药铺对于贫寒之家算价较小，且遇病人亡故之后，往往无人还债，如去讨要，他便说吃药的人已经死了，谁还给钱呢？此本无道理之回答，但药铺亦多包涵之，可是遇富人买药，往往暗中增价，盖有许多富人之思想，以为药太贱了，治不了病，此种思想在北京尤甚，故大夫往往有开人参炭等物者，取其贵而无用也。因有这种种的情形，所以有此谚语。

百里不同风，千里不同俗。

这也是自然的道理，但亦是交通不方便的关系，若交通方便，则各处之风俗就容易混合了。

宁为太平犬，不做离乱人。

这自然是人之常情，也是治少乱多，所以才有这种浩叹之语。

千里送鹅毛，礼轻人意重。[1]

宋黄庭坚诗"千里鹅毛意不轻"，苏东坡诗亦有"千里寄鹅毛"之语，邢俊臣词："物轻人意重。""千里送鹅毛"数百年前之句，现在乡下尚人人道之。

人倦投主，鸟倦投林。

此从前行路人恒道之语。

人活七十古来稀。

此杜甫句。

好死不及赖活着。[2]

人生须要有作为，不可轻易寻短见。

蝼蚁尚且贪生，人儿岂不惜命。

与上句意同。

挨门子，数板搭。

此形容人无正事，专做无谓之闲事之词。板搭者，商铺门面之木板也。

---

[1] 亦作：千里送鹅毛，礼轻情意重。

[2] 亦作：好死不如赖活着。

烧香总比骂人强。

焚香之风，秦汉即有之，但多为抵制恶臭气味或熏衣之用，未有用以祭祀者，且焚时乃用原来香木之屑，未闻有以制成小棍者。祭祀焚香当然来源于佛经，"香花供养"一语，按《金刚经》云："在在处处，皆须供养以诸花香，而散其处"云云。是香乃鲜花原有之香，非特别焚香也，数百年来皆用香木之面制成香棍，时时焚之，以多为贵。常见大庙，遇香火期时，每日所焚之香，往往到数万斤，以上者不但虚掷钱财，且往往闹成火灾，以此情形衡之，真就可以说是稍比骂人强耳，社会此语真人寻味也。

将军不下马，奔前程。

意思是自己先把自己的事办清，暂且先不必管他人的事，《五灯会元》有"相逢不下马，各自奔前程"之句。

错把茶壶当夜壶。

错把好人当坏人的意思。

自小看大，三岁知老。

此言人在儿童时，若没有出息，将来大了也不会好。按这种议、论，当然不能包括全体国民，但大多数确有这种情形。

天下名山僧占多

宋耐得翁《就日录》载："谚传古语有云：'世上好言佛说尽，天下名山僧占多。'"则此语风传已久，《韵府群玉》占字下引此，

云是唐人诗。

斛斗、广秤，天下全行。
国中度量衡向不划一，此两种较为普通，但斗虽不划一，而合（读如格）则一致，斤虽不划一，而两则一致。

人情似铁，官法如炉。
意思是无论人情怎样狡诈，总挡不住法律的研讯。

重赏之下，必有勇夫。
遇事赏罚分明，自然人肯尽职，黄石公《上略》引军谶曰："香饵之下，必有死鱼，重赏之下，必有勇夫。"

君子成人之美。
语出《论语》。

不打不成相识。[1]
此是武术家的话，打过之后才能知彼此的本领，社会引用此语，常以形容彼此斗智之人。

狗嘴里吐不出象牙来。
此讥坏人不会说好话，按《抱朴子》有"虎尾不附狸身，象牙不出鼠口"之句，语或本此。

---

[1] 亦作：不打不相识。

要知天下事，去问山后人。

山后村庄之居民，虽然与外边不交通，不容易知道外边的事情，但议论起国事来，也多是滔滔不穷，津津有味，故有此语，而社会则恒引此以讥强不知以为知者。

虱子多了不咬，账多了不愁。

不咬者，不觉其咬也，不愁者，愁亦无法也，社会恒引此以讥揽事太多之人，按李流芳诗有"人言债多能不愁，我因为作终夜忧"之句，则此语风行已久。

百足之虫，死而不僵。

此语出《北史》，社会引用此，亦系有学问有根底之人，不易失败到底之意。

穷长虱子富长疮。

穷人不换衣服，少沐浴，富人吃酒肉多，而运动少，故各有此病。

狗咬狗，两嘴毛。

此讥人做事无足轻重。

馋咬舌头，饿咬腮。

意思是无论处何境遇，皆须谨慎。

车船店脚牙，无罪也该杀。

牙者又名牙行，即各行之经纪人，亦名中间人，国中小贩营业信

用较差，此五行尤日以作弊为是，故有是语。

天下老鸦一般黑。[1]

意思是各处人情大致相去不远，《红楼梦》第五十七回有此语。

人心不同，各如其面。

《左传》郑子产对子皮语，又理之自然者。

卖饭的不怕大肚子汉。

吃的多，就得多给钱，也有"水涨船高"的意思。

医不自医。

《韩非子·说林》有"秦医虽善除，不能自弹也"之语。

医门多疾。

语出《庄子·养生主》篇，《尚书大传》亦有"良医之门多疾人"一语，守着大夫稍有不适，便要请其诊治，故有是语。

风是雨头，屁是屎头。

农人最爱道此一语。

冷水浇头怀抱水。

灰心语。

---

[1] 亦作：天下乌鸦一般黑。

端着银碗讨饭吃。

此讥有财不善经营，有学问不善处世之语。

好官易做，好人难做。

此与"善门难开，善门难闭"意同。国人习俗，对于小人多主容恕，对于君子则多求全责备。宋李之彦《东谷所见》，有此语。

宁得罪君子，不得罪小人。

得罪了君子，君子不与之较量；得罪了小人，小人必与之较量，故有是语，然亦极恶劣之习俗也。

冻死不下驴。

此讥思想呆板及贪恋地位之人。

死心眼碰见缠磨头。

死心眼者，心思板滞也，缠磨头者，遇事纠缠无已之谓也。

识时务者为俊杰。

《蜀志·先主传》，司马德操有此语。

不知天多高地多厚。[1]

凡有不知言语轻重，事体难易之人，辄以此语讥之。

---

[1] 亦作：不知天高地厚。

宝剑赠与烈士，红粉送与佳人。
凡处事得宜之人，辄以此语恭维之。

事大如天醉亦休。
此陆放翁诗也。社会恒以此讥懵懂之人。

装龙像龙，装虎像虎。
此恭维做事认真之人。

远水救不得近火。[1]
《韩非子》载"失火而取水于海，海水虽多，火必不灭矣，远水不救近火也"云云，语或本此。或曰"远水解不得近渴"。按此语早已风行，如宋庄季裕《鸡肋编》载，"谚有'巧媳妇做不得无麦馎饦'"，与"远井不救近渴"之语同意，陈无己诗云"巧手莫为无面饼，谁能救渴需远井"是也。

死蛟龙不及活老鼠。
凡事物已经过时，虽好无用，《随园诗话》曾引此。

有钱难买子孙贤。
此即古人所谓"遗子金满籯，不如教子一经"的道理。

事到无方，定有方。
意思是世界上决无死路，要须人自寻觅耳。

---

[1] 亦作：远水解不了近渴。

听话要听话音。[1]

为人处事，与人谈话，要听审其言外之意。

人贫志短，马瘦毛长。[2]

语出《五灯会元》。

狼不狼狼。

北方凡欺骗等事，俗语皆曰狼，如买卖物器，索价太大，亦谓之太狼，如买的太贵了，亦曰被人狼了，"狼不狼狼"乃本行人不欺本行人之谓。

帽子大不了一尺。

意思是人情、风俗、事理都相去不远。

小时了了，大未必佳。

此后汉陈韪说孔融语，见《世说新语》。

水火无情。

此警戒防备水火之语。

有天无日头。

宋神童诗，曰"真个有天无日头"，亦见《七修类稿》，社会恒引此以讥不守法之人。

---

[1] 亦作：听话听音，锣鼓听声。
[2] 亦作：人穷志短，马瘦毛长。

刀刀见血。

做事认真之意。

一蟹不如一蟹。

《圣宋掇遗》载"陶谷奉使吴越，曾有此语"，盖古谚也。社会恒引此以形容事之每况愈下者。

一举两得。

语见《晋书·束晳传》。

饥不择食。

即孟子所谓"饥者易为食"的意思。

饥时吃饭，困时眠。

苏东坡词有此语，黄山谷亦有"困便横眠饥吃饭"之句。

美食不中饱人吃。

《五灯会元》有此语。

多吃坏肚皮。

多吃本极不合卫生。

可为知者道，难为俗人言。

语见司马迁《报任少卿书》。

打起不打卧。

此本猎人语，盖打兔，卧时不及跑时易打也，而社会恒引此，以喻拿贼或凶手等事，因其藏于一处，不易探访，倘一迁移，则容易侦察也。

水宽鱼大。

语出《淮南子·说山训篇》。

瓮中捉鳖。

语出《五灯会元》，康进之杂剧《李逵负荆》亦有此语。

捉虎容易放虎难。

《朝野遗记》中秦桧妻长舌妇语。

骑驴觅驴。[1]

或云"骑着马找马"，按《传灯录》有"骑牛觅牛"之语。

借马不骑，也是一遭。

凡事该做了，就得做，不可错过机会。按《国策》引谚语有"借马者驰之，借衣者披之"之语，与此意亦同。

关上门我怕谁，开开门谁怕我。

此讥自大好吹者之语。

---

[1] 亦作：骑驴找马。

井水不犯河水。

两不相扰。

生处不如聚处多。

此自然之理，各处皆同。

河内无鱼，市上看。

与上句意同。

比着葫芦画瓢。

按此当然由"依样画葫芦"一语，变化而来。

小人枉自为小人。

宋人说方务德、胡澹庵，有"君子乐得为君子，小人枉自为小人"之语，现在社会亦恒两句连说，尝见一般人一生以倾陷人为事，其实亦不见得有多大效果，故社会引此语，以警戒之。

神仙难断瓜里红。

瓜有红、黄、白瓤之分，隔皮不易分别，故有是语。

返老还童。

事出《神仙传》，原意本是长生不老，社会引用此语则恒以讥老年不庄重之人。

买的少饶的多。

此本买卖场中语，而社会以之讥讽遇事狡赖之人。

吃妄心丸。

或云"吃宽心丸"，乃恭维遇事达观，随时自慰人之语。

心无二用。

提倡遇事须专心之意，故凡有心杂不专之人，辄以此语讥之。

死灰复燃。

语出《史记·韩安国传》。

当场出丑。[1]

临时失败之意。

当面锣，对面鼓。

旧日风俗，诸事不肯直接谈讲，必须有旁人转达，故有"中间无人事不成"一语，如就事之薪水，教书之束脩，以至各种工价等等皆是，如此凡有直接谈判者，辄以此语讥之。

有这个和尚，没这个寺。

遇无根基之事，或无根底之话，辄以此语讥之。

难留有事人。

国人自东晋后，谈天之风未绝，三数人无事，可闲谈几个钟头，故有是语。

---

[1] 亦作：当众出丑。

旧衣新布补。

凡事须小心留神，倘一出错，则补救时便费大事。

毫厘千里。[1]

此语当然由"差若毫厘，谬以千里"一语而来。

十聋九哑。

此自然之理，若自幼便聋，则十聋十哑矣。

破家值万贯。

意思是家中旧有器物虽都破旧，但有时皆可应用，若现买就得花许多钱，也含有"敝帚千金"之意。

兵来将挡，水来土掩。

事情怎样来，应该怎样掮挡。

捻不净秧子，拿不败的贼。

秧或作"央"，亦曰"眼子"，未长成草木之苗，皆谓之秧，以喻刚学做事，不达世路之人。

聪明一世，懵懂一时。

讥偶尔见事不明者，《儿女英雄传》第十八回有此语。

---

[1] 亦作：失之毫厘，谬以千里。

你有来言，我有去语。

你怎么说，我怎么答，亦有说话不饶人之意。

井里的蛤蟆，酱里的蛆。

此形容不开眼之人语。

菜里的虫儿菜里死。

此语并不含坏的意思，不过说归入那一行，就应做到底的意思。

瓦罐不离井上破。

与"菜里的虫儿菜里死"一语意同，按《鸡肋编》有此语，足见风行已久。

上天天无路，入地地无门。

此语有两种意义：一种系形容人被人逼迫无路可走，一种系形容人做了坏事，无法可逃，《五灯会元》有此语。

开一扇门，透一股风。

凡事有一点破绽，就有一点损处，此亦"夫人必自侮，而后人侮之"之意。

前人撒土，迷后人眼。

前人把事办错，使后人不易明其真相之意。

躲一杠子，着了一榔头。

意思是人生处世，须时时处处留神。

打倒金刚赖倒佛。

遇事靠人靠到底，此有依赖性质。

一客不烦二主。

一件事情，不必求两个人的意思。

打草惊蛇。

《酉阳杂俎》王鲁语："汝虽打草，吾已惊蛇。"

刀子嘴，豆腐心。

话硬而心软。

双拳敌不过四手去。

意思是不可与众人为难，自己虽有本领，也敌不过对方人多。

多衣多寒。

没有穿的，只好忍耐。

未归三尺土，难保百年身，已归三尺土，难保百年坟。

《水东日记》引有此语，云不知何人语，则风行已久矣。

何处黄土不埋人。

此真所谓达观者。

倚老卖老。

此语有两种意思：一系倚仗自己年长经多，瞧不起别人；一种是

倚仗自己年老，欺诈青年。社会引此，还是用第二种意思的时候较多，乃菲薄之意，如《红楼梦》紫鹃说薛姨妈者是也。

巧者拙之奴。
此乃能者多劳之意。

闲人有忙事。
《能改斋漫录》云"闲人有忙事"，俗语也，则此语风行已久。

为人容易做人难。
头一个"人"字，乃自然人之人，第二个"人"字，乃够一个人才、人物之人。

天高皇帝远。
天高听不见，皇帝远看不见，便可为非作恶，此讥讽人不法之语。

教书匠。
以教书而曰匠，鄙视极矣，本来从前有话多"教书先生"，书念的并不多，且不甚懂，只按着字抠一抠，只好以匠人名之。

瘦死的厨子八百斤。
厨子自然难免偷食，故社会恒引此语，以讥世之做事自肥者。

骨头没有四两重。
此讥讽人之自轻自贱者。

长袖善舞，多财善贾。

语出《韩非子》，社会引用此，恒以形容手下人之能办事者。

三十六计，走为上计。

语出《南史·王敬则传》，但原来作"三十六策，走为上计"。

兵不厌诈。

语出陆以湉《冷庐杂识》。

作茧自毙。[1]

语出《史记·商君列传》，社会恒用以讥讽损人不利己者。

虎毒不吃子。[2]

聂夷中诗："饿虎不食子。"社会恒引此，以讥待子弟太虐之人。

杀人可恕，情理难容。

《五灯会元》有此语，社会引用此意思，是其做的事情比杀了人还难容恕。

眼斜心不正。

眼斜者心不见得一定不正，但全国民皆系此种心理。

---

[1] 亦作：作茧自缚。

[2] 亦作：虎毒不食子。

矮子心里三把刀。

矮人心不见得坏，但社会多如此说法。

鹰鼻豹眼。

国人以为此皆非公正平静之人。

没皮没脸。

或云"不要脸皮"，南方则谓"不要面孔"，不自爱之谓也。

骒马上不得阵。

骒马者，母马也，《唐六典》："凡牝四游而骒，谓四岁骒一驹也。"社会恒引此以方世之不学而任事者。

擦桌抹四角。

此语有两种意义：一种是做事须彻底的意思，一种是做事不要专看本事，须要在事之外搜求，方能得其真相。

指桑骂槐。

意思是指着这个骂那个，但社会引用此语，则有击东声西之意，《红楼梦》第十六回有此语。

打了孩子娘出来。

意思是不可欺侮人软弱，后头还有强硬的。

打狗还须看主人。

意思是子弟不好，看他长辈的好处，也要宽恕他。

看佛敬僧。

与上句意义相同。

人忙失智。

此与"人急智生"一语正是相反，可见有许多话尽可两面说。

事急计生。[1]

梁太祖子友珪左右曰："事急计生，何不改图？"与上句意相反。

养狼当狗。

此讥误认小人以为君子之语，官场多有此弊，因彼易听谄言也。

羊肉当狗肉卖。

国中有一般人，做事说话好背人，故有此语以讥之。

有钱买马，没钱买鞍。

此讥打小算盘之人。

饿了吃糠甜如蜜。

此即孟子所谓"饥者易为食"的意思。

拿着官盐当私盐卖。

此与"羊肉当狗肉卖"一语同一性质。

---

[1] 亦作：急中生智。

嘴尖舌快。

好说闲话之人，社会辄以此语讥之，《挥麈余话》中有"嘴尖如此，诚奸人也"之语。

话是开山斧。

凡事偶有误会，一经详细解说，便能明了。

远不间亲，新不间旧。

语出《管子·五辅》第一篇。

酒囊饭袋。

盖讥唐末马殷之语也，社会恒以之讥好吃而不能做事之人。

上有天堂，下有苏杭。

《七修类稿》已引有此谚，邓林诗有"游遍江湖未到杭，不知人世有天堂"之句。

醉生梦死。

语出《程子语录》，社会恒以之讥昏聩不觉事之人。

百人吃百味。

原意是各人口味不同，社会引用此语则多含各人性情不同之意。

此地无朱砂，红土子也是好的。

《东观汉记》引俗语，有"时无赭，浇黄土"之语，与此意同。

主雅客来勤。

与人有好感，自然人就乐为己用。

出门不带钱，不及家里闲。到处无钱到处难。

二语同一性质，盖无钱则诸事不能遂心也，或作"手内无钱到处难"。

家贫犹自可，路贫愁杀人。

《五灯会元》元礼首座有此语。

趁我十年运，有病早来医。

此社会不满意医生之语，趁其运气请其诊治，则医道不高，意在言外。

药治有缘人。

此正是医生无把握之语。

不药得中医。

《汉书·艺文志》曾引谚语云："有病不治，恒得中医。"

入一行学一行，吃一行恨一行。

此足以代表大多数人之心理，盖既进某行，则必要学习，但既规定入某行之后，则多有恨之者，其所以恨之原因，大致是日久生厌，亦有"这山望着那山高"之意。

庸人多厚福。

东汉虞诩疏中"庸庸多厚福"，社会引此则系劝人厚道之意。

说话不明犹如昏镜。

此固因天赋，但亦有讥不学之意。

饮酒不醉，甚于活埋。

此则是醉乡人语。

无牛只好狗拖犁。

遇事将就之意。

横了被窝移床铺。

此讥人之凡事不思索者。

青天无得箬帽大。

意思是戴上草帽，便看不见天，陶弘景《名医别录》有"败笠一名败天公"之语。

知其一不知其二。[1]

汉高祖曰："公知其一，不知其二。"

会做媒人两下瞒。

《聊斋》云"媒人等于牙侩"，此行人早已为社会轻视矣。

---

[1] 亦作：只知其一，不知其二。

三寸喉咙海样深。
人心难测之意。

半年辛苦半年闲。
此系农家之恒情。

和尚盼到成亲日。
意思是意外之喜。

文打官司武打架。
意思是打官司须通文理，亦有各恃其长之意。

人怕强横鬼怕恶。
意思是讥讽欺软怕硬之人。

神鬼怕恶人。
与上句意同。

十年河东，十年河西。
此语源出于北方靠河之地，因北方之河皆浑水，泥沙容易淤积，今年此岸宽，则此岸之地增多，明年彼岸宽，则彼岸之地增多，故有此语。以后人事之顺逆，家业之兴衰，皆以此形容之。

千里搭长棚，没有不散的筵席。
宋倪思撰《经鉏堂杂志》引有此谚，足见风行已久。

秀才遇到兵，有理讲不清。[1]

从前八股文法诸事摩空，秀才只会作八股，说话多曲折不着实际，而后又多脑思简单，故社会以此讥之。

火上浇油。

遇人发怒，更以言语激之者，社会辄以此语讥之。

家有榆槐，寸木成材。

榆槐木性质坚硬，虽极小之块，亦有用处，最不成材者，亦可作楔子，它木则不能也。

行客拜坐客。

此种情形中外一理。

今朝有酒今朝醉，明日无钱明日愁。

罗隐诗"今朝有酒今朝醉，明日愁来明日愁"，见《香祖笔记》。

半路出家。

成年人始求学，故不易学好，但社会引此有两种意义：一系求学太晚，一系求学虽晚而学得却很好。

病来如山倒，病去如抽丝。

此亦系至理，《红楼梦》第五十二回有此语。

---

[1] 亦作：秀才遇到兵，有理说不清。

夜不闭户，路不拾遗。

此言太平时人情敦厚之意。

一家饱暖，千家怨。

此语一面讥讽世俗之薄，一面劝富人多帮穷人之忙，以免大家怨恨，《草木子》载密兰沙诗有"一家富贵千家怨，半世功名百世愆"之句。

丰年珠玉减年粮。

此自系当然之事，亦稍含物各有宜之意。

能拆十座庙，不破一家婚。[1]

旧俗迷信以为拆庙乃罪大恶极之事，故有此语，更足见视婚姻之重。

宁做上梁竖柱，不做扫地出门。

此建筑时恒用之语，盖上梁竖柱时，不但梁柱长大显眼，且事情都在大面上，所以显着活做得多；扫地出门，乃将完工时，检查找补各零碎工作，费事费心，而不愿工作，故有是语。

远送当三杯。

客来应留饮，客既不饮，则行时多送几步，借可多谈积愫，故有是语，盖饮酒重在谈心，送行亦可谈心也。

---

[1] 亦作：宁拆十座庙，不破一门婚。

当局者迷，旁观者清。

此指被人欺骗而言，盖正大光明的事情，自然是谁经手谁清楚，若遇欺骗的局面，则欺人之人，一切方法，或不背旁人，而只背被骗之人，故有这种情形。《唐书·元行冲传》有"当局称述，旁观必审"之语。

积善之家，必有余庆；积恶之家，必有余殃。

只将原文"不善"二字改为"恶"字。

天道无亲，常佑善人。

《老子》有"天道无亲，常与善人"之句。

酒要少吃，事要多知。

下句虽有勤学勤求之意，但上句则不同，故列于此。

顺天者存，逆天者亡。

此非迷信语。

人离乡贱，物离乡贵。

人离开故乡，则人地生疏，物离产地，自然要贵。

道高龙虎伏，德重鬼神钦。

此二句字面虽系龙虎鬼神，社会引用则系人有道德，是人都钦佩的。

命好心也好，富贵直到老。

劝人为善之意。

年老心未老，人穷行莫穷。

人虽老须有朝气，人虽穷须有志气。

怕人知道休做，要人敬重勤学。

因两句意不同，故录于此。

大道劝人三件事，戒酒、除花、莫赌钱。

以此劝人乃社会极好的风俗。

劝君莫做亏心事，古往今来放过谁？

此为社会中极好的风俗。

若不与人行方便，念尽弥陀总是空。

社会虽然信佛者，但人人心中有圣教存在，故有是语。

朝霞不出门，暮霞行千里。

此杨慎《补范石湖占阴晴谚谣》也，原为"朝霞不出市"。

待予心肯日，是你命通时。

此唐太宗语也。

仇人见仇人，必定两眼红。[1]

积怨深也。

一个山头一个虎。

各地风物不同之意。

伸手不见掌。[2]

《五灯会元》金山款有此语，社会恒以形容夜天之黑。

一人有福，托赖满屋。

此大致由"一人有庆，兆民赖之"一语变化而来，《儿女英雄传》第四回有此语。

能添一斗，莫添一口。

一斗者，一斗粮食之谓，一口非指子孙，乃指雇用人员而言，此亦"能为鸡口勿为牛后"之意。

客去主人安。

国人因正当营业、正当工作较少，所以养成一种好拜客的习惯，于无事时，不是探亲，即是访友，且无用之客套，闲话太多，主人虽忙也得敷衍，遇有远客或留住数日也是常事，闹得主人往往不安，故有是语。设彼此闲暇，固然也很有趣味，倘有正当必需之交际，亦自

---

[1]　亦作：仇人相见，分外眼红。

[2]　亦作：伸手不见五指。

无可避免，若无事而谈天，则实在是虚掷光阴，太无谓也。

送君千里，终须一别。
《广人物志》李勋引有此谚，社会恒以此讥送人太远者。

男女授受不亲。
此当然，由《礼记》"男女授受不亲"而来。

开门七件事。
所谓柴、米、油、盐、酱、醋、茶也，每日早起，均须张罗，故为居家之要件，语见《梦粱录》，但原来有酒，共为八件，后来的记载中则皆七件矣。

男大当婚，女大当嫁。
《五灯会元》杨次公偈语，此亦古今中外不易之情形。

家有千口，主事一人。
旧式家庭必须如此。

老嫂比母。
这是家族制度的关系，因数世同居，大嫂比幼弟往往长几十岁，如韩文公曾食其嫂之乳，则当然有如此情形。

丧事称家之有无。
国人厚葬之风，已经历代先哲屡严戒之，然愚人仍不能改，故有是语。按《礼记·檀弓》子游问丧具，夫子云："称家之有无。"

天下的爹娘爱小儿。

《瓮牗闲评》载，世有"娘惜细儿"之语，正是《陟岵》之诗所云"予季行役"之意云云。国人向以多生产为贵，所谓五男二女者是也，其长者，往往比最幼者长二三十岁，长者皆已受过教育，能以自谋生活，幼者尚无识无知，而家产将来又必须平分，则幼者之生活，自然不及长者富裕，故爹娘皆特别惦记之，特别惦记，自然就特别爱了。

一儿一女一枝花。

因国人生殖太繁，故有此语，以矫正之。

养将一子孝，何用子孙多？

此亦矫正子孙多的话。

打在儿身，疼在娘心。

此系教孝之语，然真能体贴慈母入微。

一家有女百家求。

媒妁式的婚姻时代，自应如此。

家有三个女，便是五个贼。

从前因有"媳妇娘家走，婆婆张着口"的恶习，见"鄙吝"门。故媳妇每由娘家回婆家时，必要带些吃食物品以敷衍没出息的婆婆，而娘家之兄弟又多，吝啬不欲使带，多方阻挠，则做母亲的势必暗中帮助女儿，以免回婆家受气，于是便养成母亲帮助女儿，背着男子偷东西的习惯。所谓三个女有五个贼者，因母亲为贼，一个当两个也。

以情理论，从前女子本无承继权，由娘家带些东西，也是分所当然，张着口的婆婆，固然是没出息，而做弟兄者亦太无手足情矣！以后此风自当日少一日。

隔着肚皮隔层山。
后母与前妻之子之谓，此亦因家族主意，二人关系太重之过。

有后娘，就有后爹。
后娘对于前妻之子不十分疼爱，亦理之当然，若父亲听信后妻之言，与子疏远，则未免稍偏，然此亦家族制度之毛病。若西洋则此种情形较少，虽有亦无伤，因不必一定同居也。

姥姥不疼，舅舅不爱。
俗以为姥姥皆爱外孙，舅舅亦爱外甥，若二人都不爱，则其人必无人再爱矣。

瞪眼妗子，瞎心的姨。
妗子与外甥无血统关系，且外甥到外婆家，所享受者皆是妗子将来应承继之财产，姨则与外甥之母为骨肉，又无财产关系，故各有这种现象。

嫁出门的女，泼出门的水。
意思是已嫁之女等于已泼之水，以后便不归己有，且不负任何责任也。《红楼梦》第八十一回有此语。

有子万事足，无病一身轻。

此东坡贺子由生孙诗，原作"无官一身轻"，按此乃人类之常情，吾国"不孝有三，无后为大"之观念尤甚。

有子不愁贫。

有子不见得就可以救贫，但人类皆以有子为乐，中国尤甚，盖有子之后，虽贫亦有乐趣也。

家和贫也好，不义富何如？

吾国之家庭制度，倘一不和，则苦恼多极矣。

丑媳妇是家中宝。

此指邦无道时而言，因邦无道，法律失效，一切赃官、污吏、土豪、劣绅匪类等见人有美妻，往往有霸占、强夺、拐骗闹成命案之事，小说笔记时时见之，故有是语，亦慨叹言之也。

男儿膝下有黄金。

意思是不可轻易与人屈膝，即"陶渊明不肯为五斗米折腰"之意，乃后人引用此语，都含不肯跪妇人之意，与原意稍不合矣。

恭敬不如从命。

国礼自周朝始便虚文太多，传至后世，更多虚伪，每见行礼或吃饭，只让座一事，便费去数十分钟的工夫，实在是讨厌之至。故社会恒用此语，以警专尚虚伪之人，按赞宁《笋谱》已引有此谚，云"恭敬不如从命，受训莫如从顺"。

有钱难买灵前吊。

国人好虚荣，遇有丧事尤极力铺张，以灵前吊客多为荣，故有是语，《儿女英雄传》第十七回有此语。

新婚不如久别。[1]

因从前家族制度，夫妇不能自由出门，不能携眷，故是有语。

恩爱夫妻不到头。

余于数十年前即曾研究，何以社会有此谚语？使人百思不得其解，或云系警人房事太多之意，理或然欤？然社会引用多含迷信之意，谓夫妇太好则不吉，然则终日反目方为吉乎？可笑之至。

没事忧，买间破屋修。

旧日建筑多不讲究，年代一久，岁修之款，所费不赀，后人再无力翻盖，实为居家度日之累，故有是语。

在家千日好，出门万事难。

从前交通不便，旅馆业不发达，一切组织均不完备，故有这种情形，按戒昱有"在家贫亦好"之句。

入土为安。

国俗迷信又尚缓葬，不是年时不利，便是方向不合，且谓若父母死后，短期即行葬埋，未免无留恋之心，所以往往十几年或几十年不

---

[1]　亦作：久别胜新婚。

得入土，偶遇水火盗贼，常致翻尸倒骨，实在是不但不能算孝，且离人道太远，故社会有此语。

六亲同运。

旧日官场黑暗，往往因一家讼事连累亲戚，故有是语，而后之引用者，多谓一家运气不好，六亲亦同时不会好。

六、腊月不出门，便是活神。

此与前"在家千日好，出门万事难"同一情形。亦有墨子所谓"冬往恐寒，夏行恐暑"之意。

功名出于闺阁。

谓妻若能相夫励志，劝夫用功，则较旁人鼓励效力大的多。

恶妇破家。

《易纬》书语，国中这种毛病，时时处处有之。

闭门家中坐，祸从天上来。[1]

此形容意外之灾语，有时因地方官黑暗，无故陷人，亦用此语。

黑汉、犁牛、铁青马，一个做活就顶俩。

俩俗念利哑切，此三种皆身体健寿，故有是语，又因此三种外面皆不美观，但有实用，有凡事不可貌相之意。

---

[1]　亦作：人在家中坐，祸从天上来。

一世尽偿儿女债。

国俗以多男为贵，子女多，责任就重，乃一定之理，各国社会虽也难免，但为吾国之特征。

荒年断六亲。

因荒年饮食不足，无钱来往，故有是语，然因一时不能来往，亦不得谓之断，此不过感叹言之耳！《杨升庵集》引古谚有此语，则风行已久。

吃了这顿没那顿。[1]

固然是形容人之穷乏，但亦有讥讽人不能预为俭省之意。

金盆玉碗贮狗屎。

五代南唐孙晟素轻冯延巳，因延巳同章事，谓人曰："金杯玉碗，乃贮狗矢乎？"

墙高挡的是不来的贼。

居家须诸事预防，只靠墙高是不中用的，意思是诸事皆须由根本解决，不可只齐其末，一切政治也是如此，必须教人以道德，若专靠刑罚是禁不净匪人的。

女大外向。

《白虎通》云："男子内向有留家之义，女生外向有从夫之义。"

---

[1] 亦作：吃了上顿没下顿。

女大不中留，留下结冤仇。[1]

此与上句"女大外向"同一意义，再说男大当婚，女大当嫁，乃自然之理。

不孝有三，无后为大。

社会常常引用此语。

礼出大家。

此有礼不及庶人之意。

最毒不过妇人心。

此语全国各处皆有之，初闻之似甚无理，但亦有其原因在焉！盖因数千年来，家庭专制对于女子压制太甚，偶能翻手便如河之决堤，恒有谋害亲夫之事，故有是语。

要得小儿安，还得饥和寒。

此确系小儿卫生之要点。

知子莫若父，知臣莫若君。

语出《管子·大匡篇》。

严父出好子。

家教好，儿子自然容易好，但社会对于各界有关教导之事者，如工业师傅之于徒弟，商业经理之于学买卖者，等等，皆引用之。

---

[1] 亦作：女大不中留，留来留去留成仇。

家贼难防，狗不咬。

此有劝人随时谨慎之意。

大门不用妇人关。

此语有几种意义，一牝鸡不得司晨，二凡事各有专责，三家庭内外界限须分明。

公鸡不啼母鸡叫。

此固系"牝鸡司晨"之意，但遇社会中有颠倒不顺之事，众人恒引此语以讥之。

娶妻娶德不娶色。

德重于色，不只十倍。

子弟教子弟，越教越不济。

求学之道，贵在多见多闻，若囿于一家，则见闻必不能广，故有是语。

生为人咀嚼，死为人所欢。

左雄语，见《野客丛书》。

犯色伤寒容易治，伤寒犯色最难医。

王恬智叟语，见《鸡肋编》。

虽有神药，不如少年，虽有珠玉，不如金钱。

任昉《述异记》，引汉世古语有此。

鸡寒上树，鸭寒下水。

《老学庵笔记》中引有此语。

张公吃酒李公醉。

《朝野金载》："天后谣言，张公者谓易之兄弟，李公者李氏也。"

看看不要，不算打落。

此乃商界中极和气之情形，但各国皆然。

忍耐与浮躁

　　社会习俗多年以来便以忍耐为尚，按忍都是有涵养之意，自唐朝张公艺以百忍睦族之后，国人对此更为重视。其实"忍"固然是个好字眼，但与"恕"字则截然不同："恕"字一生可行，"忍"字则系一时暂且的行为，忍之后得有相当的办法，如有人欺我，我一想一时不能抵抗，自然便须忍耐，但在此忍耐的时期，须预备以后对付的办法，若永远专以忍耐为事，则未有不灭亡者也。故周武王书铭曰："忍之须臾，乃全汝躯。"《论语》亦曰："小不忍则乱大谋。"是可证忍者乃须臾之时或较小之事也，若家庭之间，专以忍为工作，更是不足为法，故圣门中只说不藏怒焉，不宿怨焉而已，然忍之对面便是浮躁，无论何事一经失之浮躁，则未有不坏事者，是忍比浮躁就强万倍了，遇不得意之小事，则与其失之浮躁，毋宁失之忍。

　　忍是救灾星。
　　意思是无论什么样的灾难，一忍都可以避免，这句话恭维忍字可以说是到家了，按司空图有"忍事敌灾星"之句。

　　忍得一时忿，终身无恼闷。
　　倘不能忍一时，则闯出祸来，将贻害终身，《红楼梦》第九回有此语。

休急闻气，日有平西。

稍能忍耐，转瞬即过。

休争三寸气，白了少年头。

此较上句说的更加沉痛。

人道谁无烦恼，风来浪也白头。

风不能长有，浪头不能长白，亦劝人忍耐一时之意。

是非久自见。

晋贾充自忧谥传，从子模曰："是非久自见，不可掩也"。

真人不露相。

此语虽不明言忍，然确有忍之真精神，《儿女英雄传》第十五回
有此语。

不痴不聋，不作姑翁。

《通鉴》载："唐代宗对郭子仪曰'鄙谚有之，不痴不聋，不为
家翁'。"家古读如姑，按《宋书·庚仲文传》仲文尝言："不痴不聋，
不作姑公。"是此语传流已千余年矣。

好汉不吃眼前亏。

这种忍，真足为法。

在他檐下过，怎好不低头。

此真所谓暂时之忍。按唐王仁裕《开元天宝遗事》载，有张象曰：

"立身于矮屋中，使人抬头不得"等语。

大事化小，小事化无。

这种忍耐法，可以算是极完善之办法，果能如此，则天下太平无事矣。

困龙也有上天时。

忍耐一时定有好处。

不如意事常八九，可与人言无二三。

此乃陆游之诗，晋羊祜亦有此语，既知不如意事常八九，便不必非如意不可。

睁着一个眼，合着一个眼。

睁一眼者认真也，合一眼者佯为不知也，此又忍之一法。

栽倒爬起来，掉了拿起来。

此种忍法尤为不动声色。

家家有本难念的经。

或云"家家有本难算的账"，意思是谁家都有点难办的事。既是如此，则只好有时便须忍耐。

习惯成自然。

语出《家语》，社会引此多系劝人忍耐的意思，是遇事最初格格不入，但忍耐些时，日久便可熨帖了。

能忍自安。

此与"忍是救灾星"一语同一性质。

黄河尚有澄清日，岂可人无走运时。

是须能忍耐，而候机会，按《吴越备史》载，罗隐寝疾，王亲临抚问，并题诗于壁曰"黄河信有澄清日，后代应难继此才"之句。

事缓则圆。

缓者不必急办，亦忍耐须臾，而候机会之意也。

屋瓦尚有翻身日。

屋上之瓦，似乎不容易再翻身了，然竟也有翻身之时，则事之不得意者，果能稍忍，亦必有得意之时。

吃人的嘴软，拿着人的手软。

此言佣工于人，既得人之薪水工资，则办事便须听人之分派，不能任己之意。另有一意，则是做官既已贪赃，便不能主持公道了。

家丑不可外扬。

言家内丑事不可播扬于外，亦忍耐意也。《五灯会元》僧问化城鉴"如何是和尚家风？"曰："家丑不外扬。"

眼泪打从肚里落。

流眼泪都不敢使人知，苦痛已极，这种忍耐力可以算大极了。

打了牙，肚里咽。

牙掉了，都不敢吐出来。

胳膊折了，袖里装。

《红楼梦》第七回有此语。以上三语同一情形。

一动不如一静。

《山堂肆考》僧净辉对宋孝宗曰"一动不如一静"，即吉凶悔吝生乎动之意。国人用此语也是劝人忍耐。

天燥有雨，人躁有祸。

人若一暴躁，必要有祸，就好比天一燥热，必要下雨。

糟的紧，死的快。

各种暴病往往有此情形，故社会恒以此语，讥浮躁不安分之人。

有理不在声高。

《五灯会元》大沩善果师有此语，社会以戒浮躁之人。

乍穿靴子，高抬脚。

从前乡间都是穿鞋，绝无穿靴子之机会，且穿靴大半皆为有功名之人，所以偶一穿靴迈步便不自然，国人遂借此以讥讽小人乍富之浮躁骄傲者。

无事生事，有事怕事。

这样人可以算是浮躁极了。

听风就是雨。

山雨欲来风满楼，是雨则多半有风，然有风则不一定有雨，若听见风声便以为就是雨，未免太早。故社会恒用此语，以讥浮躁之人。

无风作浪。

《传灯录》载：僧问道坚："如何是祖师西来意？"坚曰"洋澜左蠡无风浪起"云云，乃是平地起风波之意，故社会以此讥浮躁之人。

狗拿耗子，多管闲事。

此讥好管闲事之人，凡事不应管而管者，便是好管闲事。

遇事生风。

语出《汉书·赵广汉传》，社会引用此语则系讥人浮躁好事。

小题大作。

题目虽小而文章欲做得大，就如同事情很小，而必往阔大去做，亦无风作浪之意。

小人乍富。

或云穷人乍富，苏轼与程全父推官启："儿子到此抄得唐书一部，又借得前汉一部，若得了此二书，便是穷儿暴富也。"句当本此，所以将穷儿改为小人者，盖深恶之也。

瞻前不顾后。

《楚辞》："瞻前顾后兮，相观民之计极。"句盖本此。《说苑·正

谏》篇有此语。

顾脑袋不顾屁股。

意思与"瞻前不顾后"相同，亦有讥讽躁进人之意。按此本讥野鸡之语，盖野鸡只藏其头，不顾其尾。孔平仲诗有"畏人自比藏头雉"之句。

知进不知退。

《盐铁论》："商鞅、蒙恬二子，知进不知退。"社会恒以此讥浮躁之人。

小人易合，小人易离。

此正是君子之交金石之坚的反面，更是浮躁人绝好的形容词。

成事不足，坏事有余。

凡浮躁不能深思之人，做事确有这种情形。

心静自然凉。

此亦戒人浮躁之意。

无风不作浪。

此亦讥人浮躁，好事之意。

心急吃不了煤火饭。

劝人勿浮躁之意，北方做饭皆用柴薪，其火能猛能弱，若多加柴薪，则较煤火猛数倍，熟得较快，故有此语。

日出事还生。
武元衡被刺时前夜之诗，见《七修类稿》。

多一事，不如少一事。
或云多事不如少事好，此亦"一动不如一静"之意。

慢是快，快是慢。
王巩《闻见近录》引有此语，足见风行已久，社会恒引此以讥浮
躁之人。

急行赶过慢行迟。
《鸡肋编》引有此语，足见行已风久。

急行无善步。
《论衡》有此语。

信实与欺伪

"信"字，古今中外人生必须有之道德，故《论语》说："人而无信，不知其可也。"反之若专以欺伪接物，则日久未有不失败者，故社会对此极为注意。

君子一言，快马一鞭。
《传灯录》有此语。按劣马加一鞭不见得就快走，快马加一鞭即有一鞭的效力，就如同君子，一言有一言的效力，意思是鞭不虚加，话不虚说也。

君子口内无戏言。
平常以说了话不算，为戏言，即孔子所谓"前言戏之耳"的意思。

好话不背人，背人没好话。
此劝人诚实之意。

勤借勤还，再借不难。
这是处世必须的行为。

还钱长记借钱时。
如果永远想到当时自己为难之情形，人家肯借给，则无不乐意还

债之人矣。

先小人后君子。

意思是凡钱财等事，必须事前规定清楚，免得以后有争论之事，所以说事前分得太清，虽然稍近小人行为，但事后毫无纷争之事，则两造皆为君子矣。此盖因旧日社会对于钱财等事，大半不立手续，因而后来兴讼者太多，事前皆为好亲好友，而事后则皆变成仇人，真正是先君子后小人矣，故有此语。

事无不可对人言。

《宋史》："司马光平生做事，未尝有不可对人言者。"社会引此乃形容人之信实、诚实。

吐口唾沫，砸个坑。

吐一口唾沫能砸一个坑，说一句力量自然更大了，意思是唾沫所砸之坑，乃人所共见，不能毁灭，则一句话既然说出，便不能不算。

一个萝卜一坑。

地中长萝卜，虽将萝卜拔去，而地中总有坑可数，有多少萝卜，自然有多少坑，不能含混。意思是说一句话得有一句话的着落。

得人钱财，与人消灾。

意思是既受了人家的钱财，便应该替人家办事，人家但有任何灾难，也要替人家消除了。

受人之托，必当忠人之事。

受了人之托，便是已经答应了人家，既答应了，便当尽心去办，如此方为言而有信。

许了人人想着，许了神神想着。

既是允许了人家或是已在神前许了愿，便当尽力照自己的话去办，勿使对方空想着。

明人不做暗事。

不做欺人之事也。

阴地好不如心地好。

《癸辛杂识》倪文节语曰："住场好，不如肚肠好，阴地好，不如心地好。"

童叟无欺。

此虽系商家招牌，广告上习用之语，但社会常用以激励人心。

痴人自有痴人福。

痴人多信实而无欺伪，故有此语。

口是心非。

毫无信用，一味虚伪。

前言不搭后语。

意思是后头说的话与前头的话不一致。

各人的称秤，各人使到家。

从前国中度量衡法极坏，国家又不干涉，几乎是一个斗一个样，一杆秤一个样，所以家家必须自备一称秤。他人秤的大小虽不知，但自己称秤的大小则知之甚详，买来东西多少，一过称秤便可明了，是他人不能相欺也，故社会以此警告欺人之辈。

手是钩子，眼是秤。

意思是用手掂掇掂掇，用眼看一看，便可知其多少，不必非过秤不可，言外是凡欲欺人冤人者，人家自有方法衡量，不致受欺也。

谁肚里没个小九九。

小九九，算法统宗，名曰九九生数。乃学算学者之初步功课，意思是人人都有一种计算，不可随便欺人也。

家家有本历头。

家家既有本历头，则年月日时便知道得很清楚，意思是如果有人蒙混自己，一定可以推测推测，不致受欺侮也。

没有不透风的篱笆。

作伪欺人，自以为掩盖得很严密，其实等于用篱笆挡风，虽然也可以挡住一点，但是总要透风的。

石灰口袋，到处有迹。

凡做坏事欺人者，自以为遮掩甚严，无人知晓，其实旁观甚清，就等于口袋内装石灰，放在地上一次，一定有一个痕迹。

一层窗户纸，捅破不值钱。

凡人作伪自以为他人看不见，其实就等于两人隔着一层窗纸，虽然彼此看不见，但是一经捅破，即时便可分明，且纸非坚牢之物，是很容易捅破的。

车不担斤，担不担两。

此言如有人挑着一担东西前走，若旁人暗中在后头放上一件一两重的物件，则挑担之人，立刻便感觉到后边太重，车则前或后多放一斤，驾辕骠马便觉得出来。按此事虽然不见得如此分明，不过形容人之感觉最灵，想欺人者事前总要三思，勿谓人之易欺也。

偷来的钟打不响。

偷来的钟不敢打，打响了怕人家听见，意思是背人、欺人的事情，时时得留神怕人家知道。《吕氏春秋》载"范氏之亡也，百姓有得钟者，欲负而走，则钟大不可负，以椎毁之，钟铿然有音。恐人闻之，遽掩其耳"云云，与此语颇相似。

萝卜快了，不洗泥。

卖萝卜者都是论斤，倘卖得太快，则买者便不十分认真，故连泥卖矣，此讥趁人不十分留意之时，便要作伪。

一手难掩天下目。

曹邺《读李斯传》诗"难将一人手，掩得天下目"，句或本此。社会中，恒以此讥讽人之作伪者。

手大遮不过天来。

此与上一句意思一样。

欲盖弥彰。

语出《左传》，社会恒引此以讥欺伪之人。

弄巧成拙。

黄庭坚文："弄巧成拙，为蛇画足。"《传灯录》庞居士亦有此语。社会恒引此以讥欺伪之人。

弄假成真。

《琐缀录》罗伦诗有"如今弄假却成真"之语，社会恒以此讥欺伪之人。

大个公鸡，当不得鹅。

公鸡虽大，不能作为鹅，意思是人人看得出来，不能欺诈也。

家有万贯财，旁人是杆秤。

自己的财产以为旁人不知，其实知道得很清楚，就如同用秤称过一样。意思是家藏之财，旁人还知道得很清楚，自己所办的事，人家更知道了，安能欺人呢？

握着耳朵偷铃铛。

《通鉴》载，李渊曰："此可谓掩耳盗铃。"语当本此，喻欺人以自欺者。

握着两眼得家雀。

《后汉书》载，陈琳曰："谚有'掩目捕雀'，微物尚不可欺以得志，况国家大事乎"云云。句当本此，或云"握着两眼得老家"，老家即家雀也，家雀即瓦雀。

捡着矮的抓帽子。

捡着比自己矮的抓人家的帽子，自然较为容易，未免欺人太甚。

握着耳朵放炮。

此与"握着耳朵偷铃铛"是一样的意思。

抄苍蝇放生。

此自然是虚伪的行为，既要放生，何必抄它。

要得人不知，除非己莫为。

枚乘《上谏吴王书》曰："人勿知，莫若莫为。"

开真方，卖假药。

串走乡间之流行大夫大半如此。

既要卖，头朝外。

无须虚伪。

卖什么，不吆喝什么。

此讥虚伪者之语。

纸包不住火。

做伪者，必有透露之时。

屋漏难遮雨。

意思是做了坏事，瞒不住人。

卖嘴的大夫，没好药。

做伪者多用言辞掩饰。

猫儿哭鼠，假慈悲。

讥虚伪之语，以此为最显明。

拙老婆，巧舌头。

拙人往往用言语自文其过。

脚大，爱小鞋。

好虚荣者只图外表，不管自己难受，虚伪之人做事处处如此。

瞪着眼说瞎话。

对知其底蕴之人说瞎话，如何遮掩得过。

随口打哇哇。

小儿每做群戏，将终了之时，便用手握口，随握随开，作哇哇之声，每有此声，便是前者所说的话，一概取消的意思。随口打哇哇者，便是随说随不算，所谓不信实已极。

纸糊的老虎。

有本领而欺人者，已为社会所不耻，无本领者更为无耻，故人以此语讥之。

削的不及旋的圆。

意思是假话说多圆全也不及真的。

要知心内事，单听口中言。

意思是假话说多圆全，其中也难免有露破绽的言语。

路上行人口似碑。

语出《五灯会元》。

说大话要小钱。

说话冠冕堂皇，做事卑鄙无耻。

画虎不成反类狗。

语出《后汉书·马援传》，原意是学他人不成，流弊太大，社会引用此语，则多系做假不成，反倒把自己的坏情形尽行破露之意。

画饼充饥。

《三国志》魏王睿曰："选举莫取有名，名如画地作饼，不可啖也。"《传灯录》亦有是语。

无中生有。

《老子》中有"天下万物生于有，有生于无"之句，语或本此。

但俗语仍系造谣之意。

嘴硬骨头酥。
此讥说大话不能做事之语。

买干鱼放生。
此讥欺伪假慈悲者。

舌头底下压死人。
此系形容背地造谣，贬人之厉害。

说得死人翻身。
人已死，自然不会翻身，则所说的虽巧，自是无中生有的话。

宁逢恶宾，不逢故人。
此公孙宏语，见《西京杂记》。

轻诺者，必寡信。
语出《老子》。

前言不搭后语。
《五灯会元》曾引此语，足见风行已久，社会恒以此讥说话无信之人。

出卖风云雷雨。
此讥说大话、说谎人之语，按《韩湘子全传》，有"出卖风云雨雪"之句。

谨慎与骄妄

谨慎者，谨言慎行也，此为人生处世必须的字眼。诸葛武侯大贤豪，一生便得力于此，若再能虚心，则无事不可成功。故社会对之极力恭维提倡，反之骄傲轻视人，则未有不败事者，故社会常常引以为戒。

逢桥须下马，过渡莫争船。

唐人诗："记得离家日，尊亲嘱咐言。逢桥须下马，过渡莫争先。"见明顾元庆《檐曝偶谈》。

出门看天色，进门看脸色。

出门看天色，则路间不至赶上暴风雨；入门看颜色，则做事说话，不至碰硬钉子。

知人知面不知心。

此语字面虽系说人心难测，但社会引用此，则多系劝人遇事谨慎之意，杜荀鹤诗有"海枯终见底，人死不知心"之句。

能走十步远，不走一步险。

此为从前夜间走路者金石之言，做事也是如此。

担迟不担错。

不怕慢，只怕不妥当。

事要三思，免劳后悔。

此亦"三思而后行"之意。

事不关心，关心则乱。

亦戒人须谨慎之意。

官大有险，树大招风。

此或由"树出于林，风必摧之"一语而来。

一要走的正，二要走的端，三条大路走中间。

乡间老人常用此语以奖进晚辈。

好狗不挡道，挡道没好狗。

此讥人不谨慎之语。

千揽不如一推。

此系戒好事人之语。

投鼠忌器。

贾谊《治安策》引里谚曰"欲投鼠而忌器"，是此语已风行千余年矣。

就坡下驴。

不能谨慎于前，尚可谨慎于后。

大风吹倒梧桐树，自有旁人说短长。

乃荆楚谚语，《夷坚志》曾引用之，此宋人笑赵师罢欲附范文正公祠堂诗，亦有此句，见《随园诗话》。按梧桐树极易长高，倘偶被吹倒，则必有人来评论多长多短，社会恒引此语以警世人，故该诗用之，盖自己做事之时，总有人在后评长论短，故须随时谨慎也。

乘船走马去死一分。

《北梦琐言》引有此谚，足见风行已久，社会恒以此戒人务随处谨慎。

开门不管庭前月，分付梅花自主张。

南宋陈随隐自述其先人，藏一警句，为真西山、刘漫塘所击赏者也。

得意须防失意时。

时时须要谨慎之意。

得荣思辱，得安思危。

亦劝谨慎之意。

休倚时来势，提防时去年。

有势时亦须谨慎。

凡事要三思。

虽然孔子说"再思可矣"，然平常做事，事前多想一想也好。

变古乱常，不死则亡。

《袁盎晁错列传》中载有此语。社会引用亦劝人谨慎，不可妄做之意。

飞不高跌不重。

此以警戒世之躁进者。

善门难开，善门难闭。

意思是虽做好事，亦须谨慎。有许多施舍之家，门长如市，偶有不便，辄有怨言，故有是语，此风俗太薄之弊也。

眼观六路，耳听八方。

此本系武术家语，社会恒借以警告粗心不谨慎之人。

智者千虑必有一失，愚者千虑必有一得。

汉赵光武君答韩信语，社会引此亦系劝人谨慎，不可恃自己为知者也。

急开眼睛慢开口。

此极谨慎之能事。

五更人早起，更有夜行人。

语出《传灯录》，社会引此乃劝人须谨慎之意，勿恃自己起得早，

须知他人更早。

明枪容易躲，暗箭最难防。[1]
人须处处谨慎小心。

金风未动蝉先觉，暗算无常死不知。
言外是谨慎留神，则诸事可预知，否则至死亦不知。

一着走错，全盘俱空。[2]
凡事稍一不谨慎，便要出大错。

穿蓑衣打火。
打火者，用火镰、火石、火绒敲火也。穿蓑衣打火，容易引燃，此讥做事不谨慎者。

一马勺坏一锅。
一锅好饭倘乎加上一马勺，坏的便把一锅都坏了，所以时时须小心。

多少旁人冷眼看。
稍不谨慎，便有许多人耻笑。

---

[1] 亦作：明枪易躲，暗箭难防。
[2] 亦作：一着不慎，满盘皆输。

一失足成千古恨，再回头已百年身。

此唐子畏诗，一时不小心出了错，一辈子挽回不来。

差之毫厘，失之千里。[1]

语出《礼记》，《贾子新书·昭教》篇则作"失之毫厘，差之千里"。

死病无良医。

魏孔斌曰："死病无良医，不出二十年，天下其尽为秦乎？"社会引此亦系劝人及早慎审之意。

上肩容易，下肩难。

贾似道初入相时，人有诗讥之曰："收拾乾坤一担担，上肩容易下肩难。"社会恒以此语劝人谨慎。

好事不出门，坏事行千里。

好事没有传说，坏事传说得快而且宽，所以办事者须谨慎。宋孙光宪《北梦琐言》以歌词自娱条已引用此二语，足见风行已久。

有事不如无事好。

此即前边"千揽不如一推"的意思。

出头容易缩头难。

此亦系劝人不可冒失出头，正是诸事须谨慎也。

---

[1]　亦作：失之毫厘，谬以千里。

烧香惹下鬼来。

烧香固然不能算坏事，然有时因此惹下鬼来捣乱，足见诸事须谨慎。

两姑之间难为妇。

周隋公杨忠语其子坚之言。社会引此则多系教人谨慎之意。

不干己事莫当前。

或云"不干己事莫出头"，又云"不干己事不张嘴"。

破车多揽载。

此讥好事之人。

乐极生悲。

《武王觞铭》曰"乐极生悲，沉湎致非"，社会引此皆劝人处处须谨慎，不可放纵之意思。

烦恼皆因强出头。

不应出头而出头，自然就要遇到烦恼的事情。

阳沟里翻船。

阳沟虽窄，倘不小心，也可以翻船。事情虽小，不小心也会办坏了。

论事容易做事难。

话是空的，事是实的。

有奇福必有奇祸。

此《列女传》晋羊叔姬语，社会引此皆系戒人谨慎之意，毫无迷信性质。

聪明反被聪明误。

此讥人不谨慎之意，按苏东坡诗有"人皆养子望聪明，我被聪明误一生"之句。

一言出口，驷马难追。[1]

此当然来自"驷不及舌"一语，欧阳修《六一笔记》亦有此二语。

是非只为多开口，烦恼皆因强出头。

《随园诗话》云，此见《事林广记》。

自家扫去门前雪，莫管他家瓦上霜。

亦见《事林广记》。

水深流去慢，贵人语话迟。

亦劝人谨慎之意，此贵人非指大官而言。

闲谈莫论人非。

此当然来自"勿道人之短"一语。

---

[1] 亦作：一言既出，驷马难追。

白日无谈人，谈人则害生；昏夜无谈鬼，谈鬼则怪至。

按柳宗元《龙城录》"夜坐谈鬼则鬼至"条中，引俗谚云云，则此语风行已久。

士别三日，便当刮目相看。

吴吕蒙对鲁肃语，社会引此亦系自己须谨慎，不得瞧不起人之意。

隔窗须有耳，墙外岂无人。

墙内说话，墙外有人听。

路上说话，草内有人听。

以上三语，同一意义。

逢人只说三分话。

亦谨慎之意，非做伪也，《儿女英雄传》第四回有此语。

一语撞倒墙。

宋胡程《苍梧集》中钱正老谓方子通云："立朝刚劲须推老兄，然一语撞倒墙，亦是老兄。"社会引此多讥人说话太不检点。

病从口入，祸从口出。

傅玄《口铭》中语。

莫言闲话是闲话，往往事从闲话生。

唐卫准诗，社会恒以此戒说闲话之人。

肚里蹺蹊，神道先知。
借神道教人不可为非。

财多语壮，力大欺人。
此讥人不谨慎之语。

言多语失，食多隔身。
亦警戒人慎言之意。

多言多败。
金人铭语。

一言以为智，一言以为不智。
所以说须谨慎。

开弓不放箭。
意思虽然与人有所争，也要特别谨慎。

当着矬人，莫说短话。
矬（cuó），醋罗切，矮也。座中有人不愿听的话，就别说。

不是知音不与弹。
不是同心之人，不必与之说话同事。

逢人只说三分话，未可全抛一片心。
《传灯录》大觉琏有此语，足见风行已久。

妄自尊大。

《后汉书·马援传》有此语，社会恒用以识骄傲之人。

瓦罐还有个耳朵。

此讥人不谨慎之语，意思是人遇事，事前不知者，且未听见者，是尚不及瓦罐，还有耳也。按《宋史》载太祖叱雷德骧，有"鼎铛尚有耳"一语，即系此意。

话不投机半句多。

这是"不可与言而与之言"的意思也。平常引用此语，多连上一句曰"酒逢知己千盅少"。

三句话不离本行。

此意与《荀子·非相》篇，"凡人莫不好言其所善"一语，很相近。意思是说话总要留神，稍一大意即或有破绽。

上台终有下台时。

此亦劝人谨慎之意。

前门拒虎，后门进狼。

赵雪航《论和帝与中常侍谋诛窦宪》文中引有此语，足见风行已久，社会引此亦系劝人处处皆须谨慎留神。

鸡蛋碰石头。

不度德不量力之意，此亦可算是不谨慎之尤者，《墨子·贵义》

篇有"犹以卵投石也，尽天下之卵，其石犹是也"之语。

处处有高人。
言外是不可轻视人。

钟不打不响，话不说不明。
话该说时自然得说，《儿女英雄传》第五回有此语。以上是提倡谨慎虚心的话。

窑门虽破出好瓷器。
外貌不扬而能办事者，人无学问而能教训子弟者，社会皆以此语慰之。按此语虽无谨慎或骄姿之意，但社会引用此多系用以警告轻视人者。

真人不可貌相，海水不可斗量。
真有本领之人，不可只看外面，亦系劝人勿轻视人之意。《淮南子·泰族训》有"江海不可斗斛"之语。

金盆虽破，有分量。
君子做事，偶尔失败，仍有其道德身份在。

秤砣虽小压千斤。
好人虽在下位，亦有其品行道德见重于世。

小子会走强如只狗。
小孩会走之后，就比狗能办事，意思是稍有学问，便比不学好得多。

带腿的告示。

此系形容多言好传话之人。

以上戒人不谨言。

收得十斛麦，便要易贤妻。

《唐书•奸臣传》许敬宗阴揣帝私，即妄言曰"田舍子胜获十斛麦，尚欲更故妇"，语当本此。

班门弄斧。

柳宗元《王氏伯仲唱和诗序》："操斧于班郢之门，斯强颜耳。"社会恒以此讥不谨慎之人。

鲁班门前掉大斧。

明梅之焕《题李白墓》诗："来来往往一首诗，鲁班门前弄大斧。"

圣人门前卖《三字经》。

语意同上。

一缕丝，能够络多久。

《隋唐嘉话》载："张昌仪兄弟，恃易之、昌宗之宠，所居奢溢，逾于王主。末年有人题其门曰：'一缕丝能得几日络？'"则此语流行已久。社会引用此语亦系讥骄妄不顾后者之意。

能言不能行。

《荀子》有"口能言之，身不能行"之语，社会引此有两种意义：一系说大话说得出来，行不出去；一系自己能说，自己不能行。

好戴高帽。

遇有喜人恭维之人，社会便以此语讥之。

往脸上贴金。

塑佛像，脸上须贴金，故社会以此讥讽自夸自诩之人。

饱暖生闲事。

既得饱暖之后，倘不谨慎，便容易妄为。

艺高人胆大。

此语并非恭维艺高意思，是艺术高也要谨慎。

硬树自有硬虫钻。

此亦"恶人自有恶人磨"之意。言人虽有本领，亦须谨慎防备也。

一物降一物，盐卤点豆腐。

豆浆点成豆腐，非用盐卤不可，言人不可骄傲，须防后边有人强于自己。

草怕严霜霜怕日，恶人自有恶人磨。

与上句意同。

人怕有名鸭怕肥。

提倡人谨慎之意，此即"树出于林，风必摧之"的意思。《红楼梦》第八十三回有此语。

水满则溢，月满则亏。

戒人自满之意。

见煮饽饽不乐。

此纯为北京谚语，亦形容人骄妄之意。

脸上挂招牌。

此讥好自卖弄，不谨慎者之语。

皇帝也有草鞋亲。

此劝人不可骄傲，看不起人之意。

关帝门前使大刀。

与"圣人门前卖三字经"意同。

聋子不怕雷。

凡骄妄之人大致多无知识，然无知识则不知事之可怕，就如同聋则不闻雷声，故不知其可怕也。

皇帝还有三门穷亲戚。
《红楼梦》第六回有此语。

千人所指无病而死。
《汉书》中载王嘉上封事，谏成帝益封董贤引里谚。

宁可荤口念佛，莫将素口骂人。
宋李之彦《东谷所见》已有此，云系古语，则知风行已久。

痴人说梦。
陶渊明曰："痴人前不可说梦，而达人前不可言命。"

逢人不说人间事，便是人间无事人。
唐杜荀鹤诗。

胆欲大而心欲小，志欲圆而行欲方。
《淮南子》云："心欲小而志欲大，智欲圆而行欲方，能欲多而事欲鲜。"

无道人之短，无说己之长。
崔子玉座右铭。

抱薪救火，燥者先燃。
语出《鬼谷子》。